U0167267

分布式智能算法及在大数据中的应用

陈宏伟　魏斯玮　叶志伟　著

中国水利水电出版社
www.waterpub.com.cn
·北京·

内 容 提 要

《分布式智能算法及在大数据中的应用》主要包括智能算法技术与大数据概述；基于 Hadoop 的分布式杂交水稻算法；基于 Hadoop 的随机奇异值分解算法；基于 Hadoop 的分布式水波优化算法；基于 Spark 的分布式关联规则挖掘算法；基于 Spark 的分布式飞蛾扑火优化算法；基于 Spark 的分布式蚁狮算法等内容。

本书既可以作为计算机科学与技术相关专业研究生及高年级本科生的教材，也可以作为科研人员的参考书，同时还可以作为研究生、博士生及教师写论文的参考书。

图书在版编目（CIP）数据

分布式智能算法及在大数据中的应用/陈宏伟，魏斯玮，叶志伟著. —北京：中国水利水电出版社，2022.8
ISBN 978-7-5226-0632-3

Ⅰ.①分⋯　Ⅱ.①陈⋯　②魏⋯　③叶⋯　Ⅲ.①人工智能—算法—应用—数据处理—研究　Ⅳ.①TP274

中国版本图书馆 CIP 数据核字（2022）第 066675 号

书　　名	分布式智能算法及在大数据中的应用 FENBUSHI ZHINENG SUANFA JI ZAI DASHUJU ZHONG DE YINGYONG
作　　者	陈宏伟　魏斯玮　叶志伟
出版发行	中国水利水电出版社 （北京市海淀区玉渊潭南路 1 号 D 座　100038） 网址：www. waterpub. com. cn E-mail：zhiboshangshu@ 163. com 电话：（010）62572966-2205/2266/2201（营销中心）
经　　售	北京科水图书销售有限公司 电话：（010）68545874、63202643 全国各地新华书店和相关出版物销售网点
排　　版	北京智博尚书文化传媒有限公司
印　　刷	河北文福旺印刷有限公司
规　　格	170mm×240mm　16 开本　14.5 印张　302 千字
版　　次	2022 年 8 月第 1 版　2022 年 8 月第 1 次印刷
印　　数	0001—1500 册
定　　价	59.00 元

前　　言

从人工智能的定义可以看出，数据、算法、算力是人工智能的三大核心。可以说，在一定程度上数据决定了机器学习的上限，而算法为逼近这个上限提供方法，因此数据处理和算法训练是人工智能的关键技术，而算力决定了数据处理和算法训练的实用性能，而分布式技术就是支持算法、解决算力的绝招。

本书主要介绍分布式智能算法相关内容，包括：智能算法及大数据理论与技术概述；基于 Hadoop 的分布式杂交水稻算法；基于 Hadoop 的随机奇异值分解算法；基于 Hadoop 的分布式水波优化算法；基于 Spark 的分布式关联规则挖掘算法；基于 Spark 的分布式飞蛾扑火优化算法；基于 Spark 的分布式蚁狮算法。

分布式智能算法及其在大数据中的应用主要从以下几章展开论述。

第 1 章主要对智能算法与大数据进行概述，包括智能算法概述、Hadoop 框架概述、Spark 框架概述、分布式智能算法及在大数据中的应用概述。智能算法部分对一些传统智能算法和新兴智能算法进行概述；此外，智能算法的分布式化是近几年的一个重要发展方向，尤其是基于 Hadoop 和 Spark 的智能算法的优化。Hadoop 框架概述主要包括 Hadoop 的生态环境、HDFS 分布式文件系统分析和 MapReduce 并行计算框架。Spark 框架概述主要包括 Spark 的生态环境和 Spark 编程模型。本章最后简单介绍了基于 Hadoop 的分布式杂交水稻算法研究、基于 Hadoop 的随机奇异值分解算法研究、基于 Hadoop 的分布式水波优化算法研究、基于 Spark 的分布式关联规则挖掘算法研究、基于 Spark 的分布式飞蛾扑火优化算法研究、基于 Spark 的分布式蚁狮算法研究。

第 2 章主要研究了基于 Hadoop 的分布式杂交水稻算法。本章设计并实现了基于 Hadoop 的分布式杂交水稻算法，提出两种分布式方案，通过实验验证选择了其中较优的解决方案对算法进行深入研究。通过设置种群规模的大小分别对基于 Hadoop 的分布式杂交水稻算法和单机版杂交水稻算法进行比对实验，通过增加 Hadoop 集群节点数量分别对上述两种算法进行比对实验。实验结果表明，在其他条件一定的情况下，当种群规模增大时，基于 Hadoop 的分布式杂交水稻算法比单机版杂交水稻算法性能更好，并且随着 Hadoop 集群节点数量的增加，其优势越来越明显。在此基础上，研究了优化支持向量机（Support Vector Machine，SVM）参数的问题，使用基于 Hadoop 的分布式杂交

水稻算法优化 SVM 参数的方法。在优化 SVM 参数时，通过杂交水稻种群数量
的变化，对基于 Hadoop 的分布式杂交水稻算法优化 SVM 和传统串行杂交水稻
算法优化 SVM，在运行时间和分类精度上进行实验比对，实验结果表明，随
着种群数量的增加，基于 Hadoop 的分布式杂交水稻算法优化 SVM 在分类精度
上基本与传统串行杂交水稻算法优化 SVM 持平，但在运行时间上明显优于传
统串行杂交水稻算法优化 SVM。

　　第 3 章主要研究了基于 Hadoop 的随机奇异值分解算法。矩阵分解是目前
推荐系统中比较普遍的技术。传统的奇异值分解只能对稠密矩阵进行分解，然
而现实中的用户和物品矩阵都是稀疏的，并且奇异值分解具有很高的时间复杂
度，当矩阵规模增大时，分解效率是无法忍受的。将随机算法用于解决奇异值
分解耗费时间长的问题是有效的。本章使用 Count Sketch 算法（用于解决在数
据流中查找频繁项目这类问题）来加速矩阵奇异值分解，通过实验分析，这
种方法可以起到很好的加速作用。单一随机算法虽有其优点，但也存在不足之
处。针对这个问题提出了基于两重随机方案的随机奇异值分解算法，这种算法
可以弥补单一随机算法的不足，并将两种随机方案的优劣势互补，进一步提高
奇异值分解速度。本章中的随机矩阵分解技术，在传统的矩阵分解中加入随机
算法，并运行在分布式环境下，通过实验的手段比较了随机奇异值分解算法的
不同方面，结果表明该算法能够在牺牲较小的准确性的前提下，大大地提高计
算效率。

　　第 4 章主要研究了基于 Hadoop 的分布式水波优化算法。通常情况下，采
用一个特定的评价函数对特征进行统计、评估和排序，然后选择评估值较大的
特征项。水波算法是一种群体智能优化方法，它一般用来处理优化问题。而特
征选择的本质是离散空间的优化组合问题。本章针对特征项对文本分类的效果
有决定性的影响，提出一种基于水波优化的文本特征选择算法（WWOTFS）。
WWOTFS 算法先采用卡方检验方法预选特征，得到候选特征集，然后再采用
水波优化（Water Wave Optimization，WWO）算法优化候选特征集，得到最终
的特征集合。为了检验该方法的性能，实验中使用了两个不同大小的数据集，
分别用本章提出的特征选择算法与常用的特征选择算法对数据集进行了特征提
取，分类结果显示，无论在小的数据集还是大的数据集下，本章提出的特征选
择算法相较于实验中的几种文本特征选择方法，在分类性能方面具有一定的优
势。但是该算法在面对大数据集时，还是无法解决时间消耗和空间消耗大的问
题。为了提高特征选择的运行速率，本章将 WWOTFS 算法与 MapReduce 框架
相结合，得到一种新的算法：基于分布式水波优化的文本特征选择（MRW-
WOTFS）算法，通过实验证明该算法相比单机版环境下，执行时间有所减少，

提高了文本分类的效率，并且不影响分类精度。

　　第 5 章主要研究了基于 Spark 的分布式关联规则挖掘算法。本章针对 Apriori（先验性）算法需要多次扫描事务数据库，规则挖掘时间长和 FP-Growth 频繁算法内存消耗大的缺点，提出了基于粒子群优化算法的关联规则挖掘（Particle Swarm Optimization Algorithm Frequent Pattern，PSO-FP）算法。采用二进制编码格式，设定合理的适应度函数，通过频繁树的方式将整个事务数据库存入内存，用粒子寻优来替代 FP-Growth 递归迭代。通过实验结果分析，PSO-FP 算法能有效地提高关联规则挖掘效率。针对 PSO-FP 无法满足大数据量的关联规则挖掘的问题，研究了 PSO-FP 算法的并行化实现，提出两种并行化实现策略：第一种并行策略，基于并行粒子群优化算法关联规则挖掘（Parallel Particle Swarm Optimization Frequent Pattern，PPSO-FP），第二种并行策略，基于并行条件树关联规则挖掘（Parallel Conditional Frequent Pattern，PCFP）算法。通过公开数据集 WebDoc 进行性能对比实验。实验结果表明，PPSO-FP 算法由于集群之间通信开销比较大，效率并不高。但是 PCFP 算法在关联规则的挖掘效率上明显要优于其余并行算法。总体来讲，PSO-FP 算法将关联规则挖掘转换成多目标求解问题，在算法效率上有明显提高。

　　第 6 章主要研究了基于 Spark 的分布式飞蛾扑火优化算法。本章通过对传统的飞蛾扑火优化（Moth-flame Optimization，MFO）算法进行二进制的改进，并使用二进制的 MFO 算法进行特征选择，对传统的算法进行 Spark 并行化处理。在 Spark 集群和单机模式上，对传统的 MFO 算法和改进的 MFO 算法进行测试，分别在加速比、运行效率和分类精度等方面进行对比，最终验证基于 Spark 的 MFO 算法具有很好的性能，能够更加有效、稳定地处理需要迭代的海量数据。同时，针对 MFO 算法在处理优化问题时容易陷入局部最优，分类精度不高，全局收敛速度差等问题，本章使用 Cauchy 跳跃进行种群初始化，通过引入指数函数对 MFO 算法的收敛因子进行改进，最后对当前最优飞蛾个体执行混沌扰动，提出了一种改进的 MFO 算法。基于改进的 MFO 算法有效地提高了传统 MFO 算法的分类精度并避免了早熟现象。针对海量高维的数据进行预处理，对数据进行降维操作。本章利用三种降维方法对网络入侵检测数据进行降维，减少需要检测的特征数。使用 SVM 对数据进行分类，对异常数据进行判别，并区分入侵检测类型。实验表明该方法能够有效地对数据进行降维，降低了算法的运行效率，同时提高了算法的分类性能和入侵检测效率。

　　第 7 章主要研究了基于 Spark 的分布式蚁狮算法。对来源于美国加州道路监测评估平台的交通流数据进行识别，完成数据填充和去除隐藏噪声的预处理工作，并利用序列数据暗含混沌这一特点，重建了一维数据的高维复杂构造，以提取更多隐藏的特征。为了加快模型学习的收敛速度，还对训练集进行了归一化。在深入探究了每种常见算法原理的优劣势之后，在小波神经网络（Wavelet Neural NetWork，WNN）的基础上，设计了一个短期道路车流估计模型，并对比分析了模型训练后的实验。实验证明，基于 WNN 的短期道路车流量估计虽然较为符合实际变化趋势，但在准确性和稳定性方面有待进一步提高。由于随机生成的待优化参数初始值会影响经过梯度计算调整的 WNN 估计效果，本章介绍一种新的群体寻优算法蚁狮优化（Ant Lion Optimizer，ALO）算法，以改进 WNN 参数设置，为短期道路车流量估计问题设计一个新的算法 ALO-WNN，并与传统 WNN，以及基于 GA-WNN 和基于 PSO-WNN 的模型进行了对比实验，结果表明，基于 ALO-WNN 模型的预测精度虽然有了一定的提高，但仍有改进空间。为进一步提高 ALO 算法的搜索精度，本章提出一种改进自适应变异精英加权调整的蚁狮（Improved Weighted Elitism Ant Lion Optimizer，IWALO）算法，经仿真实验分析可知，IWALO-WNN 模型在精度、整体性能方面，均比上文所涉及的各模型的估测效果更优。最后，典型常见的群体寻优算法只可以在有限处理器环境下，以顺序模式模拟完成并行迭代，这种运算原则已经无法在合理时间内处理当下海量增长的信息集合，为了解决传统算法模型计算量大、模型设计复杂，无法有效利用大规模训练数据的问题，本章将 IWALO-WNN 模型与 Spark 分布式计算平台结合，提出了数据并行和计算并行融合的分布式设计算法，构成了基于 Spark 的改进自适应变异精英加权调整的蚁狮算法优化小波神经网络（Spark-IWALO-WNN）的短期道路车流量估测模型。

参加本书相关专题研究和书稿编写工作的有陈宏伟教授、魏斯玮高工、叶志伟教授，以及邓兴鹏、赵杰、侯亚君、罗启星、符恒、常鹏阳等研究生。

本书的编写得到了国家自然科学基金、湖北省自然科学基金的资助。此外，在本书编写过程中，参考了国内外相关研究成果。在此谨表示诚挚的谢意！衷心感谢湖北工业大学对作者的帮助和支持！

本书既可以作为计算机科学与技术相关专业研究生及高年级本科生的教材，也可以作为科研人员的参考书，同时还可以作为研究生、博士生及教师论文写作的参考书。

由于作者水平有限，书中的不妥之处在所难免，敬请读者批评指正。

作　者
2022 年 4 月于武汉
湖北工业大学计算机学院

目　　录

第*1*章

智能算法与大数据概述

1.1　智能算法概述

▓ 1.1.1　智能算法

　　智能算法是人们受自然（生物界）规律的启发，根据其原理模仿求解问题的算法。智能算法包括遗传算法、模拟退火算法、禁忌搜索算法、进化算法、启发式算法、蚁群算法、人工鱼群算法、粒子群算法、人工神经网络、免疫算法等。智能算法与人工智能、机器学习、生物计算、DNA 计算、量子计算、智能计算与优化、模式识别、知识发现、数据挖掘等概念密不可分[1]。下面对一些常见智能算法作简单概述。

　　（1）遗传算法。遗传算法（Genetic Algorithm，GA）是一种通过模拟自然进化过程搜索最优解的方法。该算法将问题的求解过程转换成类似生物进化中的染色体基因的交叉、变异等过程。在求解较为复杂的组合优化问题时，相对一些常规的优化算法，通常能够较快地获得较好的优化结果。遗传算法已被人们广泛地应用于组合优化、机器学习、信号处理、自适应控制和人工生命等领域[2]。

　　（2）模拟退火算法。模拟退火算法（Simulated Annealing，SA）将退火思想引入组合优化领域。它是基于 Monte-Carlo 迭代求解策略的一种随机寻优算法。模拟退火算法从某一较高初始温度出发，伴随温度参数的不断下降，结合概率突跳特性在解空间中随机寻找目标函数的全局最优解，即局部最优解能概率性地跳出并最终趋于全局最优。模拟退火算法是一种通用的优化算法，广泛应用于诸如 VLSI、生产调度、控制工程、机器学习、神经网络、信号处理等领域[3]。

（3）禁忌搜索算法。禁忌搜索算法（Tabu Search，TS）是一种亚启发式（meta-heuristic）随机搜索算法，它从一个初始可行解出发，选择一系列的特定搜索方向（移动）作为试探，选择实现让特定的目标函数值变化最多的移动。为了避免陷入局部最优解，TS采用了一种灵活的"记忆"技术，对已经进行的优化过程进行记录和选择，指导下一步的搜索方向，这就是Tabu表的建立[4]。

（4）进化算法。进化算法或称"演化算法"（Evolutionary Algorithms，FA），是一个"算法簇"，尽管它有很多的变化，有不同的遗传基因表达方式，不同的交叉和变异算子、特殊算子的引用，以及不同的再生和选择方法，但它们产生的灵感都来自大自然的生物进化。与传统的基于微积分的方法和穷举法等优化算法相比，进化计算是一种成熟的具有高鲁棒性和广泛适用性的全局优化方法，具有自组织、自适应、自学习的特性，能够不受问题性质的限制，有效地处理传统优化算法难以解决的复杂问题[5]。

（5）启发式算法。启发式算法（Heuristic Algorithm，HA）是相对于最优化算法提出的。由一个问题的最优算法求得该问题每个实例的最优解。启发式算法可以这样定义：一个基于直观或经验构造的算法，在可接受的花费（指计算时间和空间）下给出待解决组合优化问题每一个实例的一个可行解，该可行解与最优解的偏离程度一般不能被预计[6]。

（6）蚁群算法。将蚁群算法应用于解决优化问题的基本思路为：用蚂蚁的行走路径表示待优化问题的可行解，整个蚂蚁群体的所有路径构成待优化问题的解空间。路径较短的蚂蚁释放的信息素量较多，随着时间的推进，较短的路径上累积的信息素浓度逐渐增高，选择该路径的蚂蚁个数也越来越多。最终，整个蚂蚁群会在正反馈的作用下集中到最佳的路径上，此时对应的便是待优化问题的最优解[7]。

（7）人工鱼群算法。人工鱼群算法是指在一片水域中，鱼往往能自行或尾随其他鱼找到营养物质多的地方，因而鱼生存数目最多的地方一般就是本水域中营养物质最多的地方，人工鱼群算法就是根据这一特点，通过构造人工鱼来模仿鱼群的觅食、聚群及追尾行为，从而实现寻优[8]。

（8）粒子群算法。也称粒子群优化算法（Particle Swarm Optimization，PSO）又翻译为粒子群算法、微粒群算法或微粒群优化算法。是通过模拟鸟群觅食行为而发展起来的一种基于群体协作的随机搜索算法。通常认为它是群集智能（Swarm Intelligence，SI）的一种[9]。

（9）人工神经网络。人工神经网络（Artificial Neural Network，ANN）从信息处理角度对人脑神经元网络进行抽象，建立某种简单模型，按不同的连接方式组成不同的网络。神经网络由大量相互连接的节点（或称神经元）构成。每个节点代表一种特定的输出函数，称为激励函数（activation function）。每两个节点间的连接都代表一个对于通过该连接信号的加权值，称为权重，这相当于人工神经网络的记忆。网络的输出则依网络的连接方式、权重值和激励函数的不同而不同。而网络自身通常都是对自然界某种算法或者函数的逼近，也可能是对一种逻辑策略的表达。其广泛应用于模式识别、智能机器人、自动控制、预测估计、生物、医学、经济等领域，并表现出了良好的智能特性[10]。

（10）免疫算法。将免疫概念及其理论应用于遗传算法，在保留原算法优良特性的前提下，力图有选择、有目的地利用待求问题中的一些特征信息或知识来抑制其优化过程中出现的退化现象，这种算法称为免疫算法（Immune Algorithm，IA）。人工免疫算法是一种具有生成+检测（generate and test）迭代过程的群智能搜索算法。从理论上分析，在迭代过程中，在保留上一代最佳个体的前提下，免疫算法是全局收敛的[11]。

近几年出现了一些新的智能算法，如杂交水稻算法[12]、水波算法[13]、飞蛾扑火优化算法[14]、蚁狮算法[15]、灰狼算法[16]、鲸鱼优化算法[17]、蝙蝠算法[18]、人工蜂群算法[19]、蜻蜓算法[20]、樽海鞘群算法[21]、海鸥优化算法[22]、麻雀搜索算法[23]、天牛群优化算法[24]、蝗虫优化算法[25]、哈里斯鹰优化算法[26]。这些算法大多具备群智能算法的如下特征：不确定性、基于概率的全局优化、基于多个智能体的仿生优化、具有本质并行性、具有自组织和进化性、具有稳健性。

■ 1.1.2　分布式智能算法

正是由于群智能算法是当前学术界的研究热点，而群智能算法具有本质的并行性，因此国内在智能算法分布式方向发展迅速。文献［27］介绍了并行智能优化算法的基本概念；从协同机制、并行模型以及硬件结构三个维度综述了几类常见的并行智能优化算法，详细分析阐述了它们的优点及不足；最后对并行智能优化算法的未来研究进行了展望。文献［28］针对具有弱通信的高阶严反馈非线性多智能体系统提出一种新颖的分布式自适应反演控制方法，并研究了该系统的协同跟踪控制问题。文献［29］提出一个通用的分布式图嵌入框架，首先将图嵌入算法中的采样流程和训练流程进行解耦，使框架能够较好地表达多种不同的算法；其次，提出一种基于参数服务器的模型切分嵌入策略，减少了分布式计算中的通信开销。文献［30］提出了一种基于联盟区块链的分布式数据交易框架，基于数据质量、数据属性、属性的相关性、消费者竞争等多维因素构建了双层多目标优化模型，以优化数据提供者（DP）和数据消费者（DC）的效用。为求解上述模型，提出了一种改进的多目标遗传算法——协作式 NSGAII，通过 DP、DC 以及数据聚合器（AG）的协作进行计算。文献［31］针对传统分布式深度学习模型同步架构在大规模节点上并行训练的问题，分析了集中式的 Parameter Server 和去中心化的 Ring Allreduce 两种主流的参数通信架构的原理和性能。文献［32］提出了面向车联网自动驾驶的边缘智能多源数据处理方法，通过发掘网络中节点的空闲资源提高系统的吞吐量，利用网络中的分布式数据提高神经网络的推断准确率。文献［33］提出了一种基于边缘计算的分布式检测方法。将系统拆分为多个子系统，且在子系统中设置边缘节点检测器进行数据的收集和检测。结合深度学习的方法，构建了 CNN-LSTM 模型检测器，提取数据特征，并将模型的训练过程放置在中心节点上，实现高效、低时延的 FDIA 检测。

国内一些学者对基于 Hadoop 的分布式智能算法展开了研究。文献［34］通过大数据技术研究人工智能跨境电商导购平台信息个性化算法，使大数据技术在 Hadoop 平台中实现，通过 Map 将任务分解成多个任务，采用 Reduce 将分解后多任务处理结果集合在一起，获取最终处理结果。通过两个 MapReduce 与一个 Map 对平台中用户偏好获取算法进行并行化处理。针对用户偏好，通过关联规则挖掘获取和用户偏好相符的商品，推荐给用户。文献［35］以分布式开源框架 Hadoop 为支撑，提出一种基于数据挖掘技术的智能图书馆云检索系统。集成 Hive、HDFS、MapReduce、Hadoop 组件对智能图书馆云检索系统的硬件部分进行设计。在系统架构下，确定了系统的实现流程以及图书馆资源在分布式环境下的检索机制。文献［36］提出分布式并行频繁项集增长（FP-Growth）算法采用 Hadoop 框架和 MapReduce 算法，能够快速有效地发现信号间的强关联关系。采用分布式并行 FP-Growth 算法挖掘各变电站历史数据库异常信号的频繁项集和强关联关系。文献［37］提出一种基于云计算和改进极限学习机的电网负荷预测模型，采用 MapReduce 网络架构部署于 Hadoop 平台，利用分布式计算方法进行电网负荷的精准建模和预测分析。

此外，国内一些学者也对基于 Spark 的分布式智能算法展开了研究。文献［38］设计了轨迹数据的分布式网格索引结构，该索引在 Spark 环境下将轨迹切分并映射到网格中，并引入轨迹还原表以保留查询时选子轨迹段间的连续性。基于此索引，提出了 Spark 环境下的轨迹 k 近邻查询方法 kNNT-Grid。实验结果表明，kNNT-Grid 方法在分布式环境下实现了良好的查询效率和可扩展性，能够应对海量轨迹数据的 k 近邻查询需求。文献［39］提出了基于大数据处理技术的农产品智能推荐方法。首先，该方法将文档主题算法与矩阵分解算法混合，以形成文档主题与矩阵分解混合算法；其次，将基于物品的协同过滤算法和文档主题与矩阵分解混合算法进行加权融合；最后，搭建 Spark 并行化计算平台，抓取京东商城和中国农产品网销售评分、评论等数据，进行特征提取、加权融合、智能推荐、误差测评。文献［40］结合 Spark 大数据分布式平台，根据流量的特点设计了决策树分类模型（SFFS-FCBF-C4.5，SFC），实现了大规模网络下流量的实时分类，以保障网络中资源的合理分配和利用。

1.2　Hadoop 框架概述

■1.2.1　Hadoop 的生态环境

基于谷歌公司发表的 GFS 和 MapReduce 的论文，产生了 Hadoop。Hadop 研发始于 2002 年，该项目是 Apache Luncene 的一个子项目，其主要任务是把 Web 搜索引擎的任务划分到多个计算机上运行。目前，Hadoop 属于 Apache 下的一个开源分布式平台。

Hadoop 有两个重要的部件：MapReduce 和 HDFS，HDFS 是 Hadoop 的分布式文件存储系统，MapReduce 是一种并行计算框架。HDFS 的主要特点是容错性能强，能够在廉价的机器上部署；MapReduce 主要作用是使并行程序的开发得到简化。

Hadoop 的主要特点如下：

（1）可扩展性。Hadoop 分配数据到可用的计算机节点上，让多台计算机共同完成任务，并且 Hadoop 的集群中的节点可以扩展到上千台计算机。

（2）高效性。由于在节点之间 Hadoop 能实时移动数据，使每个节点间负载均衡，所以它的处理速度很快。

（3）高容错性。Hadoop 在 HDFS 上存储的数据一般都会复制多份，以防由于有些节点损坏，造成数据不能使用；也能重新分配已失败的任务，以防由于某些计算机损坏，导致整个作业不能正常运行完成。

初期 Hadoop 主要包含一些基本子系统，如 HDFS、MapReduce、HBase 等。随着发展，它形成了一个有很多子项目的生态系统，如 HDFS、MapReduce、HBase、Hive、Sqoop、Flume 和 Zookeeper 等。Hadoop 的基础架构图如图 1.1 所示。

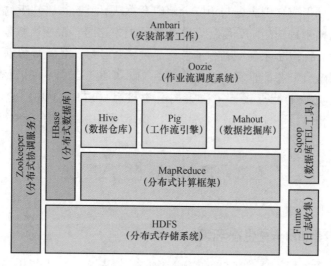

图 1.1 Hadoop 的基础架构

▌1.2.2 HDFS 分布式文件系统分析

Hadoop 的主要核心之一——HDFS（Hadoop Distributed File System）[41] 是 Hadoop 的分布式文件系统，它能够把多台廉价的计算机组合在一起，形成一个集群，能够进行大规模的数据存储和处理，并且可以对应用程序进行高吞吐量的数据访问。HDFS 将文件存储的细节对用户进行屏蔽，就和本地的文件访问一样，在访问 HDFS 时，不用知道文件保存格式和保存位置。

HDFS 节点间的关系是 master-slave。其中，master 节点也叫作 NameNode，有多个 DataNode 节点，通常还会有一个 Secondary NameNode 节点。NameNode 作为一个中心服务器，就相当于 master，一个管理者，主要用于对 HDFS 的名称管理、对数据块的映射信息的管理、如何配置副本以及对客户端读写请求的处理等。DateNode 就相当于 slave，NameNode 发送指令，DataNode 去执行，它的主要功能是保存数据块，进行读/写操作。Secondary NameNode 不是 NameNode 的热备份，当 NameNode 挂掉时，它并不能立即代替 NameNode 去提供相应的服务，它的作用是帮助 NameNode，为它分担一定的工作，在一定的时间间隔将 fsimage 和 fsedits 合并，然后把它们发送到 NameNode，在比较急的条件下，它可以帮助 NameNode 恢复。在默认情况下，一个数据块有三个副本，保存在两个或者两个以上的机架上，这样可以防止某个机架坏了，数据的遗失，可以通过其他副本来恢复。其 HDFS 架构图如图 1.2 所示。

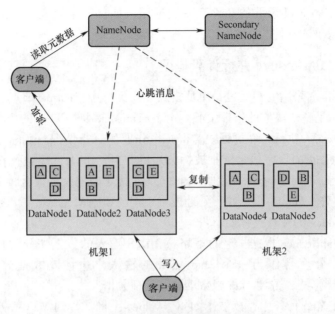

图 1.2　HDFS 架构

在 HDFS 中，一般是 master、slave 和 Client 相互合作去实现文件的读、写、复制和删除功能。文件的四种操作过程如下：

（1）文件的读取。首先 Client 向 HDFS 发送读取文件的请求，HDFS 使用 NameNode 找到要读取的文件在 DataNode 中的位置，并创建 DFSInputStream 输入流，从邻近的 DataNode 中读取对应的数据块，将 DFSInputStream 返回给 Client，让其从中读取相应的信息。

（2）文件的写入。首先 Client 向 HDFS 发送写入文件的请求，HDFS 使用 NameNode 去对命名空间进行查看，通过集群设置的块大小和 Client 请求写入的文件大小，然后在其命名空间中新建文件，并将 DFSOutputStream 流传送给 Client。Client 向 HDFS 写入数据，之后 DFSOutputStream 把数据按集群设置的块大小来切分，将数据块写入 DataNode 列表。

（3）文件数据块的复制。HDFS 上的数据被划分为一个个数据块的格式保存在 DataNode 上，复制多份数据块放在不同的机架上，避免数据的遗失和出错。HDFS 默认复制数据块的份数是 3。NameNode 管理着数据块的赋值，DataNode 会在规定的时间给 NameNode 传送"心跳"与"文件块报告"，根据这些"文件块报告"的信息，NameNode 会通知 DataNode 相互复制。

（4）文件的删除。NameNode 接收到删除文件的指令时，不会在命名空间中直接把文件删除，会将其放到/trash 目录下，以便需要使用该文件时进行恢复。但放在/trash 目录下的文件有一定期限，如果过了该期限，就会永久删除/trash目录下的文件。

▌1. 2. 3　MapReduce 并行计算框架

MapReduce 采用的模式也是主从模式。在集群中，master 节点上的进程是 JobTracker，是整个集群的指挥中心。由 JobTracker 接收 Client 的作业请求，安排 TaskTracker 去执行，在过程中监督每个作业的运行情况。实际运行作业的进程是 TaskTracker，它执行作业被拆分后的单元，并不直接执行作业。在这个过程中，JobTracker 不断向接收 TaskTracker 传送心跳，并且返回 TaskTracker 要运行的事件。MapReduce 并行处理模型架构图如图 1.3 所示。

MapReduce 的并行过程如下：

（1）MapReduce 根据一定的策略将 HDFS 输入的数据切分为片，在 Map 阶段，每个分片会作为一个 Map 任务的输入，并将该数据分片转换成 <key，value>形式，方便 Map 函数读取并处理数据。

（2）在 Map 任务中，读取了<key，value>，将其传到 Map 任务中自写的 Map 函数中运行，Map 函数每运行一个<key，value>后，其产生的结果保存在内存的缓冲区，如果缓冲区满了，就把结果写到本地磁盘中。

（3）在 Map 阶段得到的数据会根据 key 值对<key，value>执行分区、排序和混洗。Map 任务结束后，得到的中间数据通过 key 值进行划分，一般划分为 R 份，即 R 等于 Reduce 的任务数。因此每个 Reduce 任务对应处理一份数据，实现负载均衡。另外，在 Map 阶段会对中间结果按 key 值进行排序，用户可以自定义排序函数，以满足用户自身的需求。

（4）将 Map 过程产生的中间结果按一定的时间写入本地磁盘中。当 Map 任务结束时，运行了 Map 任务的 slave 会将保存中间结果的位置返回给 master，之后 master 会通知运行 Reduce 任务的节点位置。

（5）执行 Reduce 任务的节点得到主节点的通知后，采用网络访问的方式得到这些中间结果的信息。Reduce 节点接收到中间结果后，将对这些中间结果按照 key 值排序。

（6）用户使用自定义的 Reduce 函数处理这些排好序的<key，value>，经过 Reduce 函数的处理，会得到最终的<key，value>，最后在 HDFS 中保存这些 <key，value>。

在 MapReduce 并行编程接口下，通常一个 Job 会被划分为多个任务，在 Map 和 Reduce 中，又分为多个任务，在这两个过程中，对数据的输入和输出都要求是<key，value>形式。一般的 MapReduce 过程有几个步骤：首先将输入

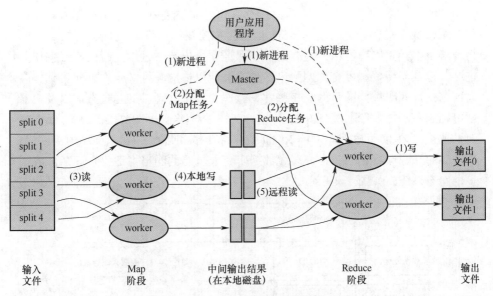

图 1.3　MapReduce 并行处理模型架构图

数据转换为<key，value>的形式，将其传入 Map 任务中，通过用户自写的 Map 函数处理数据，输出处理后的中间数据，也是<key，value>形式；然后通过 Reduce 读取 Map 产生的<key，value>作为 Reduce 的输入，在自定义函数 Reduce 对数据进行运行之前，按照 key 值<key，value>执行排序汇总的操作，之后用 Reduce 函数处理这些<key，value>；最后得到最终的<key，value>。实例如下：

（1）Map：$(k1：v1) \rightarrow [(k2：v2)]$。Map 任务的输入数据是转换为键值对形式的 $(k1：v1)$，在 Map 中，用自定义函数 Map 处理后，结果暂时保存到 HDFS 中，输出的结果也是键值对 $[(k2：v2)]$。

（2）Reduce：$(k2：[v2]) \rightarrow [(k3：v3)]$。Map 任务的输出结果为 $(k2：[v2])$，这是因为将相同的 $k2$ 的 value 合并了，所以 value 值是一个集合 $[v2]$，便于 Reduce 处理。Reduce 的任务是将 Map 输出的结果作为它的输入，并通过自定义函数 Reduce 进行处理，得到最终的 $[(k3：v3)]$。

1.3　Spark 框架概述

1.3.1　Spark 的生态环境

当下最流行的将整个任务都放进内存执行的多节点异地协同运算框架就是

Spark[42][43]，该框架通过将数据集缓存在群集的内存中来支持数据集的共享和重用，从而提高了访问效率。Spark 能够布控在许多性能更优、价格更低的物理群集中，是因为可以以更高的概率保证系统出错后继续运行而不影响作业进度，以及支持资源可合理调配来扩大或缩减以适应各种场景，以此达到提高大数据处理实时性能的目的。一些常见操作，如批处理、交互式查询以及机器学习在 Spark 中都有比较良好的支持。它是一种类似于 MapReduce 的计算框架，解决了在读写磁盘时 MapReduce 的高开销问题。Spark 在 2010 年成为Apache 的开源项目之一，在许多大数据研究人员的共同努力下，它逐渐形成了一个生态系统，如图 1.4 所示。

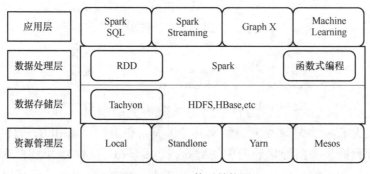

图 1.4 Spark 体系结构图

（1）Spark 运行机制。包含 Spark 的所有基本功能的运行机制，如内存管理和任务调度，是整个 Spark 的核心。RDD（Resilient Distributed DataSet）是Spark 处理多节点异地数据的统称描述。其底层是用 Scala 语言编写的，并提供了一个外部编程接口。Spark 的所有操作都围绕 RDD 进行，并且每次操作后，结果都直接存储在内存中，后续操作可以直接从内存中读取，从而节省了I/O 操作读取和写入磁盘的时间。有三种创建 RDD 的方法：一种是通过并行操作将数据从本地内存转换为 RDD；第二种是直接从 HDFS 加载；第三种是将现有的 RDD 转换为新的 RDD。RDD 操作有两种类型：将 RDD 变化为新RDD 的转换；对分布式数据集进行计算，然后将计算结果返回到主节点。

（2）Spark 结构化计算。Spark SQL 是旧版 Shark 组件的替代版，用于计算结构化数据。Spark SQL 以一种名为 DataFrame 的抽象数据关系作为多节点异地海量规模下快速查询的基本单位。Spark SQL 不仅与 Hive 兼容，还可以从RDD 和 JSON 文件中获取数据，这些数据可以重新定义和扩展 SQL 解析器、分析器或优化器。

（3）Spark 流处理组件。Spark Streaming 是 Spark 的分布式流处理组件，

优化了 Spark 处理大量流字符的性能。将实时输入数据流划分为时间片块，将每个时间片块视为 RDD，然后返回该时间片块的结果。Spark Streaming 的优势在于它使用 Spark 作为执行引擎，可以在一百多个节点上运行，并以高效率和高容错性将迟延控制到秒级。

（4）Spark 机器学习。Spark 智能算法模块的组成部分称为 Spark Mllib，它包含了关键的机器学习算法，如聚类、分类、回归、关联规则、推荐、降维、优化、特征提取和过滤以及特征预处理。

（5）Spark 图计算。Graph X 是 Spark 中用于图形处理的组件，基于 Spark 平台，它为图形计算和图形挖掘提供了一个易于使用的彩色界面，极大地简化了分布式图形处理任务。

（6）Spark 集群管理。集群管理（Cluster Manager）负责管理 Spark 集群的资源，包括维护节点的资源使用情况和限制资源分配。常见的集群管理器包括 Yarn、AWS 和 Mesos。Spark on Yarn 是当前使用最广泛的资源管理模型。

（7）Spark 数据源。Spark 支持多种类型的数据源，如 HDFS 和 Amazon S3。Spark 可以直接读取数据并将其转换为 RDD。

Spark 将临时运算数据存储在内部处理器缓存中，这与 MapReduce 框架相比，极大改善了迭代数据计算的功耗。根据 Apache Spark 官方网站的数据，Spark 在内存上的速度是 Hadoop 的 100 倍，在硬盘上是 Hadoop 的 10 倍。此外，Spark 还提供了更多复杂的算子操作，如 MapPartitions、sample 和 union。在执行任务时，Spark 通过检查点实现容错处理。编码上支持 Java、Python、Ruby 和 Scala 等多种语言，并且可以针对 RDD 面向对象的编程。

■ 1.3.2　Spark 编程模型

目前流行的多节点异地运算设计架构有 Hadoop MapReduce 和 Spark。相比 Hadoop MapReduce，Spark 具有处理迭代计算任务的优势，特别是对于需要小内存的应用程序而言，性能得到了极大提高。

1. Spark 运行基本流程

Spark 运行基本运算规则如图 1.5 所示。

（1）在发送 Spark 应用程序时，首先需要为该应用程序创建一个基本的应用程序环境，即 SparkContext，这是由任务控制（Driver）节点创建的，Spark-Context 负责联系集群管理器并为 Executor 申请所需资源。

（2）资源管理器将资源分配给 Executor 并将其启动，随后 Executor 进程的操作状态将通过"心跳"发送到资源管理器。

（3）SparkContext 基于 RDD 的附属连接创建 DAG 图，然后将 DAG 图发送到 DAG 调度程序（DAGScheduler）解析成多个任务集。最后将每个任务集发送到 TaskScheduler 进行处理。

（4）DAG 调度程序收集各个 Executor 的运算成果。

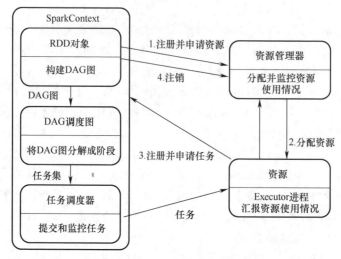

图 1.5　Spark 运行基本运算规则

2. RDD 的设计与运行原理

RDD（Resilient Distributed Dataset）是 Spark 多节点运算的核心工具，因此各种各样的 Spark 组件才得以协同工作完成海量规模数据的运算过程。

（1）RDD 概念：多节点异地信息集合的统称。

（2）RDD 特性：能够容忍集群出错的情况并继续自动运行未完成的流程。

（3）依附路径：不同的逻辑算子在 Spark 中会在 RDD 计算前后搭建起不同的依附路径。窄依附如图 1.6 所示，宽依附如图 1.7 所示。

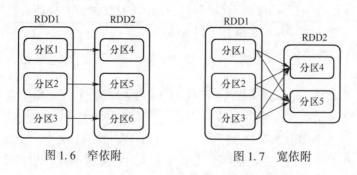

图 1.6　窄依附　　　　　　　图 1.7　宽依附

（4）阶段的划分：按照各自的任务的 DAG 运算规则，从后向前反向推理，如果是宽依附，则前后成为两个单独"阶段"，反之，则合并成为一个"阶段"。

在 Spark 中 RDD 被操作后的演化过程如图 1.8 所示。

（1）创建 RDD 对象。

（2）RDD 之间的依附路径由 SparkContext 负责搭建，形成 DAG。

（3）DAG 被 DAGScheduler 分析后划分为多个不同的任务组。每个任务组涵盖了多个不同任务，然后任务将被发送到各个计算节点独立运行完成。

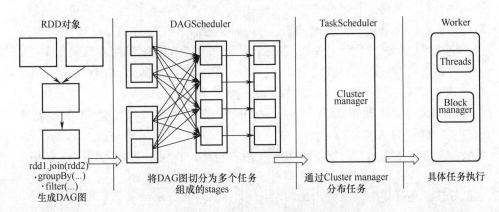

图 1.8　RDD 在 Spark 中的运行过程

1.4　分布式智能算法及在大数据中的应用概述

智能算法广泛应用到大数据相关理论与技术的研究中。本书主要阐述如何将分布式智能算法应用在大数据环境中。下面主要介绍基于 Hadoop 的分布式杂交水稻算法研究；基于 Hadoop 的随机奇异值分解算法研究；基于 Hadoop 的分布式水波优化算法研究；基于 Spark 的分布式关联规则挖掘算法研究；基于 Spark 的分布式飞蛾扑火优化算法研究；基于 Spark 的分布式蚁狮算法研究。

■ 1.4.1　基于 Hadoop 的分布式杂交水稻算法研究

基于 Hadoop 的分布式杂交水稻算法的主要研究工作和内容总结如下。

（1）在讨论杂交水稻优化算法 Hybrid Rice Optimization Algorithm，（HRO）以及实现基于 Hadoop 的分布式杂交水稻算法之前，收集、整理并总结了大量的相关群智能优化算法的国内外研究成果及文献，了解了国内外对群智能优化算法的研究现状，并根据杂交水稻优化算法的本身特性，结合其自身的不足以及大量文献中群智能优化算法在新的领域的应用，研究总结了未来需要研究和拓展的研究领域。

（2）介绍了实验研究中所涉及的相关理论知识。介绍了杂交水稻优化算法的基本原理、数学模型、算法实现过程等相关知识；介绍了开源框架Hadoop 的主要编程框架 MapReduce；支持向量机的相关理论、常用核函数等。

（3）详细地研究了基于 Hadoop 的分布式杂交水稻算法的设计实现。提出了两种分布式策略，并通过实验选择较优的策略进行接下来的实验研究。通过对比种群规模和算法运行的时间以及 Hadoop 集群节点数量和算法运行时间，当种群规模达到某一数值时基于 Hadoop 的分布式杂交水稻算法在时间复杂度上要明显低于单机杂交水稻优化算法；当 Hadoop 集群中的节点达到一定数量时，基于 Hadoop 的分布式杂交水稻算法优势越来越明显。

（4）设计并实现了基于 Hadoop 的分布式杂交水稻算法优化 SVM 参数，通过实验对 SVM 在大数据分类之中的表现性能进行了详细的分析。实验结果表明：随着样本数据集的增加，实验所用时间增长较快，而基于 Hadoop 的分布式 HRO-SVM 在运行时间上要明显低于传统串行 HRO-SVM。通过增加杂交水稻算法的种群规模，参数优化的 SVM 在分类器的分类精确率上也有了明显的提升。

■1.4.2　基于 Hadoop 的随机奇异值分解算法研究

矩阵算法是许多应用的核心，无论是历史上的信号处理和科学计算领域，还是最近的机器学习和数据分析领域。本质上，其原因是矩阵提供了一个便利的数学结构来模拟广泛应用中出现的数据：$m \times n$ 实数矩阵 A 提供了一种自然结构，用于编码关于 m 个对象的信息，每个对象都被描述为由 n 个特征组成。下面将概述随机数值线性代数（RandNLA）在大规模并行和分布式计算环境中随机矩阵算法的实现的过程。

矩阵分解是目前推荐系统中使用比较普遍的技术。传统的奇异值分解只能对稠密矩阵进行分解，然而现实中的用户和物品矩阵都是稀疏的，并且奇异值分解具有很高的时间复杂度，当矩阵规模增大时，分解效率是无法忍受的。将随机算法用于解决奇异值分解耗费时间长的问题是有效的，本章使用 Count Sketch 算法（用于解决在数据流中查找频繁项目）来加速矩阵奇异值分解，通过实验分析，这种方法可以起到很好的加速效果。虽然单一随机算法有其优点，但也存在不足之处。接着这个问题，本章提出了基于两重随机方案的随机奇异值分解算法，这种算法可以弥补单一随机算法的不足，并将两种随机方案的优劣势互补，进一步提高奇异值分解速度。

本章中的随机矩阵分解技术，在传统的矩阵分解中加入随机算法，并运行在分布式环境下，通过实验的手段比较了随机奇异值分解算法的不同方面，能够在牺牲较小准确性的前提下，大大地提高计算效率。实验结果证明了这个算法的有效性。

■ 1.4.3　基于 Hadoop 的分布式水波优化算法研究

基于 Hadoop 的分布式水波优化算法的主要研究工作和内容总结如下。

（1）提出了一种改进的文本特征选择算法——基于水波优化算法的文本特征选择算法（WWOTFS），首先介绍了文本分类的原理以及流程，并分析总结了几种经典的文本特征选择方法，经典的文本特征选择方法一般是从原始的特征集中，通过一个特定的评价函数选出一些区分能力比较好的特征项，将它们集合起来，但缺少考虑特征集对整个文本分类的影响，在现实条件下，文本分类的效果是每个特征间互相作用的结果，针对这些缺点提出了 WWOTFS，针对特征集对分类的直接影响，为了减少 WWOTFS 的计算量和空间，使用分组降低维数的思想，并通过特征的预选和精选，进一步降低算法的计算量，提高文本的精度。

（2）提出基于分布式水波优化算法的文本特征选择（MRWWOTFS）算法。具体讲解了 Hadoop 平台以及 HDFS 和 MapReduce 框架，并分析了 MapReduce 与 WWOTFS 相结合的可行性，提出了一种分布式水波优化算法的文本特征选择（MRWWOTFS），设计了一个分布式特征选择模型。针对该模型设置两个 Job，并划分 Map 和 Reduce 任务区对候选特征集进行精选。通过实验可知，MRWWOTFS 是有效的，它可以更快地完成文本特征选择，提高算法效率。

■ 1.4.4　基于 Spark 的分布式关联规则挖掘算法研究

基于 Spark 的分布式关联规则挖掘算法的主要研究工作和内容总结如下。

（1）详细介绍了关联规则的研究背景和意义，介绍了目前关联规则的应用场景。分析了关联规则挖掘的经典算法的不足，并对关联规则挖掘算法的主流改进进行了详细的分析。

（2）详细介绍了关联规则的基本原理以及挖掘关联规则的 Apriori 算法和韩家炜教授提出的 FP-Growth 算法的优缺点。同时介绍了目前十分火热的大数据计算平台 Hadoop 和 Spark 及其生态系统，分析了 MapReduce 和 Spark 的并行计算原理和平台的搭建过程。

（3）针对频繁树增长算法的缺点，利用 PSO 算法与 FP-Growth 算法结合，达到降低关联规则挖掘的复杂度，通过对比实验验证 PSO-FP 算法效率和关联规则提取的数量。得出 PSO-FP 算法在关联规则挖掘的效率上比传统 FP-Growth 算法有了一定的提高，并且比 PSO 算法与 Apriori 算法结合形成的 PSO-AP 算法，以及之前胡继雄提出的基于杂交水稻的关联规则提取算法 HRO-AP 的规则挖掘数量也有明显的提高。

（4）对基于 Spark 并相化算法进行了改进，提出了两种改进策略：一种基于并行粒子群算法改进；另一种基于并行条件树挖掘。实验结果表明，基于并行条件树关联规则挖掘算法效率要更高一些。

（5）针对并行粒子群算法可能会出现集群之间通信开销比较大的问题，提出基于并行条件树挖掘 PCFP 算法，通过对比实验，发现 PCFP 算法挖掘关联规则效率比较高。

■ 1.4.5 基于 Spark 的分布式飞蛾扑火优化算法研究

基于 Spark 的分布式飞蛾扑火优化算法的主要研究工作和内容总结如下。

（1）通过对智能优化算法的深入研究和分析，对算法进行特征选择，初步对数据进行降维，同时对传统的飞蛾扑火优化算法的适应度函数进行改进。实验结果表明，相比于其他几种优化算法，该算法的分类精度有一定的提高，并且在一定程度上降低特征子集的选取，提高了算法的运行效率。

（2）分析了 Hadoop、大数据计算框架、MapReduce 编程思想以及 HDFS 文件系统的原理，基于内存的 Spark 计算框架的原理及应用，设计了基于 Spark 的分布式飞蛾扑火优化算法的并行化方案。该方案设置了 5 个节点集群模式，以及 2 个 Map 和 Reduce 任务，并设计了性能的对比实验。实验结果表明，分布式飞蛾扑火优化算法的运行效率和集群资源的利用率有明显的提升。

（3）提出一种改进的飞蛾扑火优化算法。该方法首先利用 Cauchy 跳跃种群初始化，通过引入指数函数对 MFO 算法的收敛因子进行改进，最后对当前最优飞蛾个体执行混沌扰动，以避免算法易陷入局部最优。实验结果显示，相比于其他三种优化算法，改进算法的分类性能有显著的提升，并且算法的全局搜索能力也明显加强，运行效率也有一定的提升。

（4）为了更好解决高维海量数据"维数灾难"的问题，需要选取特征选择和特征提取的方法，由于特征选择的方法不适合大规模的数据处理，最后将三种降维方法：PCA、LLE、LE 算法应用于入侵检测中，并采用实验的方法比较三种降维方法在入侵检测中的表现，以及降维后的低维数据应用于基于

Spark 的分布式飞蛾扑火优化算法中的高效性。实验结果表明，LE 算法更加适用于降维入侵检测数据集，并且降维后的数据在检测率和漏报率方面优势明显，误报率也相对较低。

■ 1.4.6　基于 Spark 的分布式蚁狮算法研究

基于 Spark 的分布式蚁狮算法的主要研究工作和内容总结如下。

（1）对来源于美国加州道路监测评估平台的交通流数据进行识别，完成数据填充和去除隐藏噪声的预处理工作，并利用序列数据暗含混沌这一特点，重建了一维数据的高维复杂构造，以提取更多隐藏的特征。为了加快模型学习的收敛速度，对训练集进行了归一化。在深入探究了每种常见算法原理的优劣势之后，在小波神经网络（Wavelet Neural NetWork，WNN）的基础上，设计了一个短期道路车流估计模型，并对比分析了模型训练后的实验。实验证明，基于 WNN 的短期道路车流量估计虽然较为符合实际变化趋势，但在准确性和稳定性方面有待进一步提高。

（2）针对随机生成的待优化参数初始值会影响经过梯度计算调整的小波神经网络估计效果介绍了一种新的 ALO 算法，以改进小波神经网络参数的设置，为短期道路车流量估计问题设计一个新的算法：ALO-WNN，并与传统 WNN 网络，以及基于 GA-WNN 和 PSO-WNN 的模型进行了对比实验。结果表明，基于 ALO-WNN 模型的预测精度虽然有了一定的提高，但仍有改进空间。为了进一步提高 ALO 的搜索精度，提出一种改进自适应变异精英加权调整的蚁狮算法（Improved Weighted Elitism Ant Lion Optimizer，IWALO），仿真实验分析表明，IWALO-WNN 模型在精度高低、整体性能方面，均比上文涉及的各模型的估测效果更优。

（3）典型常见的群体寻优算法仅可用在有限处理器环境下，以顺序模式模拟完成并行迭代，这种运算原则已经无法在合理时间内处理当下海量增长的信息集合，为了解决传统算法模型计算量大、模型设计复杂，以及无法有效利用大规模训练数据的问题，将 IWALO-WNN 算法模型与 Spark 分布式计算平台结合，提出了数据并行和计算并行融合的分布式设计算法，构成了基于 Spark 的改进自适应变异精英加权调整的蚁狮算法优化小波神经网络（Spark-IWALO-WNN）的短期道路车流量估测模型。分析表明，相比传统基于单机实现的蚁狮优化算法，Spark-IWALO-WNN 大幅度提高了群智能算法的优化速度。

▪ 第 2 章 ▪

基于 Hadoop 的分布式杂交水稻优化算法

2.1 杂交水稻优化算法

▪ 2.1.1 杂交水稻优化算法概述

杂交水稻优化算法（Hybrid Rice Optimization Algorithm，HRO）是一种新提出的群智能优化算法，作为一种新的进化算法，杂交水稻优化算法将水稻的基因作为解空间内的解，而用适应度函数的值来衡量该水稻基因的优劣。根据其基因的优劣将水稻分为不育系（male sterile，A）、保持系（maintainer line，B）和恢复系（restorer line，R）。选取群体中基因较差的一部分个体作为不育系，它们自交不结实，即无法自行产生下一代。将群体中较优的那部分个体选为保持系，它们可以自交，用它们与不育系杂交可以产生不育系的子代。种群中的其余个体作为恢复系，恢复系与保持系相同，能够自交结实，与不育系杂交可以得到杂交水稻。

"三系法"杂交水稻算法（Three Line Hybrid Rice Optimization Algorithm，HRO3）模拟了杂交水稻育种过程中"三系"的育种过程，其中主要有两种育种行为：杂交和自交。杂交是指通过不育系与保持系杂交来对不育系个体进行更新；而自交是指通过恢复系自交来更新下一代的恢复系。

"三系法"杂交水稻算法的主要步骤如下。

（1）水稻种群的初始化。

（2）水稻的育种，重复下列步骤。

1）根据水稻性状的优劣将水稻进行排序。

2）选取较优的部分个体为保持系，次优的部分个体为恢复系，较劣的部分为不育系。

3）将保持系与不育系进行杂交产生新的不育系个体。

4）恢复系自交产生新的恢复系个体。

（3）达到育种次数限制或者得到满足条件的解。

在"三系法"杂交水稻算法中，用适应度值评价每个个体基因的优劣程度，根据适应度值将种群从优到劣排序。进行杂交行为的两个系为保持系与不育系，分别取自种群中的较优的部分和较劣的部分。取性状差别较大的个体进行杂交能够利用杂种优势产生较好的后代。为了使保持系与不育系中的每个个体都能参与杂交过程，在将水稻种群划分为三系时，保持系与不育系个体的数量应该相等。

有多种选取父本母本的方式。

（1）对映杂交：在每次杂交时，保持系只与对应位置的不育系进行杂交，以保证每次杂交育种过程中每个保持系个体和每个不育系个体都参与一次且只参与一次。

（2）随机杂交：在每次杂交时，对于每一维基因，在保持系与不育系中各自随机选取一个作为杂交的父本母本，每个保持系个体或者不育系个体有可能参与多次杂交，也有可能不参与杂交。进行杂交的次数与不育系个体的数量相同，即产生的新的不育系个体与上一代的不育系个体相同。

杂交产生的新的不育系个体将与上一代不育系个体对比，取较好的作为下一代的不育系。每个新不育系个体只与上一代不育系中的对应个体比较，即每轮育种过程中每个新的不育系个体只参与了一次比较，同样，上一代中的每个不育系个体也只参与了一次比较。

与保持系和不育系不同，恢复系单独进行自交育种。每个恢复系个体都有自交次数限制，如果某个恢复系个体达到了自交次数上限，则在解空间内随机生成一个水稻个体替换该恢复系个体。

在实际生产中，不育系、保持系、恢复系是不同品种的水稻，其育种的目的在于保持三系水稻的性状以及自交杂交后子代性状的稳定，保证不育系与恢复系杂交后的杂交水稻的稳定性。在杂交水稻算法中则根据水稻的适应度值将种群划分为三系，其育种过程是一个寻优的过程，而不是保持当前性状。杂交育种过程是一个进化过程，每次只更新种群中较差的个体而较好的个体不做处理。单一的杂交过程会使种群性状之间的差距越来越小，都向着较优的个体靠近。自交育种过程是一个群体搜索过程，每个个体都向着最优个体发展，同时若长期向最优个体发展无果，个体将会被重置为一个随机的个体以保持群体性状的多样性。与真实育种不同，在杂交水稻算法中，每一轮育种之后，将根据每个个体的适应度值对种群从优到劣排序，然后根据排序再将种群分为不育系、保持系和恢复系，即上一代中的不育系个体的子代在下一代中可能是不育系、保持系或恢复系，对于保持系和恢复系也同样是这样。在杂交水稻算法中，对品种的划分在每轮育种前以个体的适应度值作为依据。

▌2.1.2 三系杂交水稻算法

定义：水稻的种群数量为 N，其中保持系、不育系占种群数据的比例均为 $a\%$，数量为 $A = N \times a/100$，则恢复系占群体的比例为 $(100-2a)\%$，保持系、不育系、恢复系的数量分别为 A、A、$N-2A$（一般取三系的个体数量均为 $N/3$）。每个个体的基因的维度为 D。X_i^t 表示第 t 次育种时种群中第 i 个水稻个体的基因，$X_i^t = (x_i^1, x_i^2, \cdots, x_i^{D-1}, x_i^D)$。$f(X_i^t)$ 表示第 t 次育种时群体中第 i 个个体的适应度值且所求值为 $f(x)$ 的最大值。

（1）当 $t = 0$ 时，即初始时刻，在解空间内随机生成 N 个解 X_1^0，X_2^0，$\cdots$，X_{N-1}^0，X_N^0。其具体的生成公式为

$$x_i^j = \min x^j + \text{rand}(0, 1)(\max x^j - \min x^j) \tag{2.1}$$

式中：$j \in \{1, 2, \cdots, D-1, D\}$；$\max x^j$、$\min x^j$ 分别表示搜索空间第 j 维分量的最大值与最小值。分别计算种群中各个个体的适应度值，并记录当前最优值。

（2）将水稻种群按照适应度值从优到劣排列，取排名靠前的 A 个个体为保持系，取排名靠后的 A 个个体为不育系，其余的 $N-2A$ 个个体为恢复系。

（3）杂交：选取下列杂交方式的一种作为整个算法的杂交方式。

$$\text{new}\_ x_k^j = \frac{r_1 x_{Aa}^j + r_2 x_{Bb}^j}{r_1 + r_2} \tag{2.2}$$

式中：$\text{new}\_ x_k^j$ 表示该轮育种过程中第 k 次杂交产生的新个体第 j 维基因；r_1、r_2 为 $[-1, 1]$ 的随机数，且 $r_1 + r_2 \neq 0$；a，b 随机取自 $\{1, 2, \cdots, A\}$；X_{Aa} 表示不育系中的第 a 个个体；X_{Bb} 表示保持系中的第 b 个个体。产生的新个体基因的每一维都由不育系和保持系中的随机个体以随机比例杂交得到。

（4）自交：自交是一个当前最优个体靠近的过程，其公式为

$$\text{new}\_ X_k = X_{Sk} + \text{rand}(0, 1)(X_{\text{best}} - X_{sr}) \tag{2.3}$$

式中：$\text{new}\_ X_k$ 表示该轮育种过程中第 k 次自交产生的新个体；X_S 表示恢复系中的第 s 个个体；X_{best} 表示当前所找到的最优个体；X_{sr} 为恢复系中的第 sr 个个体，其中 sr 随机取值于 $\{1, 2, \cdots, N-2A\}$。

同样自交后对新产生的个体进行贪心算法选择。

若 $f(\text{new}\_X_k) > f(X_{Sk})$，则将 new_X_k 取代 X_{Sk} 保留至下一代，其自交次数保持不变，若 $f(\text{new}\_X_k) \leqslant f(X_{Sk})$，则将 X_{Sk} 保留至下一代，其自交次数加 1，即 $\text{time}_{Sk} = \text{time}_{Sk} + 1$。若 $f(\text{new}\_X_k) > f(X_{\text{best}})$，则将 new_X_k 取代当前的最优个体的记录并将其自交次数设为 0，即 $\text{time}_{Sk} = 0$。如果 $\text{time}_{Sk} \geqslant$ maxTime，则在下一代育种时，该个体不进行自交过程，而是进行重置过程。

（5）重置：自交次数达到最大自交次数限制的恢复系个体将进行重置。

$$\text{new}\_x_{Sk}^j = x_{Sk}^j + \text{min}x^j + \text{rand}(0, 1)(\text{max}x^j - \text{min}x^j) \tag{2.4}$$

（6）如果满足最大育种次数 maxIteration 或小于优化误差，将当前的全局最优值作为结果输出，否则跳转到步骤（2）。

2.1.3　杂交水稻算法实现

"三系法"杂交水稻算法实现的基本步骤如下。

（1）初始化水稻种群。所有的个体在解空间内随机初始化，根据计算出的适应度值来判定每个个体的优劣。初始化时会确定以下参数：水稻种群数 N；最大育种次数 maxIteration；最大自交次数 maxTime。一般来说，不育系数量、保持系数量、恢复系数量均为 $N/3$。值得注意的是，由于保持系与不育系杂交的对映关系，在划分三系时应保证保持系与不育系的数量相同，而恢复系个体数量可以与保持系、不育系的数量不同，如图 2.1 所示。

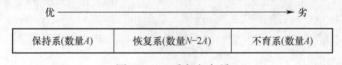

图 2.1　三系杂交水稻

（2）根据步骤（1）中所得的适应度值将种群从优到劣进行排序，并将种群划分为不育系、保持系和恢复系。取排在 1 到 $N/3$ 的个体为保持系；取排在 $N/3+1$ 到 $2N/3$ 的个体为恢复系；取排在 $2N/3+1$ 到 N 的个体为不育系。记录当前种群的最优解。

（3）杂交过程。对于每一次育种，杂交过程进行的次数与不育系的个体相同。每一次杂交将从不育系和保持系中各选取一个个体作为父本母本，可以随机选取也可以按一一对映的方式选取。杂交的方式是将父本与母本对应位置的基因按照随机权重相加进行重组而得到的一个拥有新基因的个体。计算新个体的适应度值，并以贪心算法为准则将其与其父本母本中的不育系个体对比，将适应度值较优的个体保留至下一代。

（4）自交过程。在育种过程中，自交进行的次数与恢复系的个体数量相同。每一次自交，参与自交的恢复系个体各个位置上的基因都会向着当前最优解靠近一个随机量。计算新的个体的适应度值并根据贪心算法与自交之前的恢复系个体对比，选择较优的保存到下一代。若保存到下一代的个体为自交之前的个体，则该个体的自交次数将加 1。如果保存到下一代的个体为自交产生的新个体且新个体优于当前最优个体，则将其自交次数设置为 0；否则保持其自交次数不变。若某个恢复系个体的自交次数达到了限制次数 maxTime，则在下一轮育种过程中它将不参与自交过程，取而代之的是重置过程。

（5）重置过程。重置过程实际上是自交过程的一个子过程，用来处理达到自交次数上限的恢复系个体。重置过程将在解空间内随机生成一组基因，并将这组基因加到参与重置的个体的基因上，同时其自交次数将被设置为 0。

（6）记录当前得到的最优个体的基因，若未达到最大育种代数 maxIteration 或小于优化误差，则跳转至步骤（2）；否则将当前最优个体的基因作为结果输出。

杂交水稻算法伪代码如下。

```
目标函数:f(X), X = (x₁, x₂, …, x_d);
初始化产生 n 个水稻种群;
随机初始化基因 X_i, i = 1, 2, …, n, set t_i = 0, set k = 0;
begin
    while(k<Max Iteration)
        Sort(FitNess);                        //由优到劣排序
        M={X₁, X₂, …, X_m}, m=[n/3];          //保持系
        R={X_{m+1}, X_{m+2}, …, X_{2m}};      //恢复系
        S={X_{2m+1}, X_{2m+2}, …, X_n};       //不育系
                                              //保持系中的每个水稻, 杂交次数与不育系水稻个体数
        for (M_i ∈ S)                            相等
            Hybridization();                  //杂交获得新个体
            if (X_new > X_m)                   //新基因更好
                then X_m = X_new;             //更新水稻
            end if
        end for
```

---

for $(R_i \in R)$	//恢复系中的每个水稻，自交次数与恢复系水稻个体数相等
if $(t_i < t_{max})$	//判断搜索次数是否大于最大搜索次数
selfing( )	//恢复系自交获得新个体
if $(X_{new} > X_m)$	//新基因更好
$X_m = X_{new}$;	//使用新基因代替老基因
Set $t_i = 0$;	//停止搜索
else	
Set $t_i = t_i + 1$;	//继续搜索最优值
end if	
else	
renew( ) ;	//执行重置过程
end if	
end for	
Set $k = k + 1$;	//进行下一次迭代循环
end while	
end	

杂交水稻算法参数如下：水稻种群总数 N；最大杂交次数 maxTime；随机产生 N 个解；当前迭代次数 $t = 0$；最大迭代次数为 maxIteration；每个个体杂交次数 $times(i) = 0$。

2.2　分布式并行杂交水稻算法

杂交水稻算法在串行处理复杂度高、数据量大的问题时存在一系列不足，如求解质量差、计算耗时长、收敛速度慢等。而分布式并行杂交水稻算法能够把算法中的杂交、自交、重置过程分配到不同的服务器集群节点上并行执行，从而提高算法的运行处理能力，MapReduce 分布式编程模型不仅能够并行处理海量的数据，还对模型的底层实现做出了很好的封装处理，从而大大简化了开发过程。因此，把这两者结合起来可以更好地解决更复杂的问题。

随着现实中的问题复杂度越来越高、数据规模越来越大，标准的串行杂交水稻算法的求解质量和求解速度越来越无法满足人们日益增长的需要，杂交水稻算法在个体适应度值的计算评价和子代种群的产生等方面具有其特定的并行性，所以更容易在大规模并行运算中实现。而且随着大数据的日益普及，分布式并行计算也越来越成熟，这也为杂交水稻算法的分布式计算提供了可能。分布式并行杂交水稻算法不仅能够有效提高算法运行速度，保持种群的多样性，还能提高问题求解的质量，获得更好的全局最优解。

■ 2.2.1 分布式并行杂交水稻算法概述

将杂交水稻算法移植到 MapReduce 分布式并行计算框架[44]上的思想主要是来源于 HRO 算法是一种进化算法，在执行的过程中会涉及大量的个体计算，在实验过程中我们发现，当设置种群个体数量较大、种群迭代次数较多时，HRO 算法的时间复杂度非常高，并且 HRO 算法在算法设计过程中涉及多个参数，而这些参数的设计和选择大多都依赖经验来判断，这也就使 HRO 算法具有很强的随机性，在使用 HRO 算法解决实际问题时，一次运行通常情况下很难得出令人满意的使用结果，往往需要经过大量的实验，然后再从所有的实验结果中择优选择，这样就使实验的工作量大大增加。随着现在对数据模型规模的要求越来越高，当数据规模达到一定程度时，算法在时间上的复杂度将会呈现指数级增加，传统串行杂交水稻算法的弱势将会越来越明显，那么寻求更适合的解决方案将被视为新时代下的研究方向。

因此，鉴于 MapReduce 框架[45]的各种特点和优势，本章将 HRO 算法与 MapReduce 框架相结合，利用分布式的计算优势，来改进 HRO 算法在大规模数据的情况下大量实验需要消耗更多时间这一缺点，进而达到在相同时间下可以运行更多次实验的效果。经过实验可以证明，在算法参数、实验次数和实验环境等条件相同的情况下，基于 Hadoop 的分布式杂交水稻算法的运行总时间极具竞争力，极大程度上提高了实验的效率。

利用 MapReduce 分布式计算模型来实现 HRO 算法，需要将传统串行杂交水稻算法实验与 Map 和 Reduce 操作相对应，并且每个 Map 和 Reduce 操作相互独立，互不影响。

通过大量的文献阅读学习，并结合自己对杂交水稻算法的理解，以及 Hadoop分布式计算平台的特性，总结出 HRO 算法在 Hadoop 计算平台中的实现策略有以下两种。

（1）将大规模的水稻种群划分成很多个片段，每个片段交由不同的 Map 操作和 Reduce 操作去执行，并且将 HRO 算法的整个育种进化过程交由相应的 Map/Reduce 操作去执行，以此来提高算法的性能（收敛性和速度）。也就是说，Hadoop 平台集群中的各个 Node 都拥有各自种群。这种策略的模型将 HRO

算法的整个育种进化过程分为 Map 阶段和 Reduce 阶段，而输入的数据只有水稻的种群规模和 Map 的个数。

（2）将 HRO 算法的每一次育种进化任务都交由一个独立的 Map/Reduce 操作去执行，以此来提高算法的收敛速度和计算速度。这种策略的模型将一次杂交水稻育种操作分为两个 MapReduce 阶段。其中，第一个 MapReduce 阶段完成将水稻个体按适应度值进行排序；第二个 MapReduce 阶段完成水稻个体的角色分配以及育种进化操作（杂交、自交、重置过程）。其中 Reduce 阶段对育种进化的结果进行对比，以判断是否存在比当前最优解更好的解，以决定是否继续迭代寻优。

下面尝试使用这两种分布式并行策略来实现基于 Hadoop 的杂交水稻算法，方案一如图 2.2 所示。

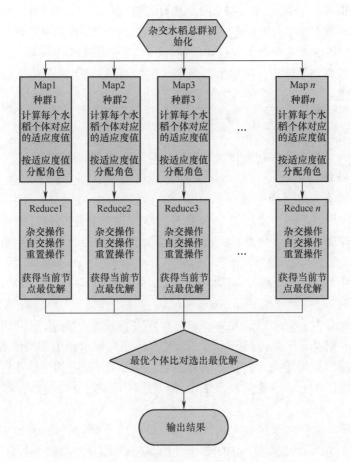

图 2.2　基于 Hadoop 的分布式杂交水稻算法方案一

方案一的具体步骤如下：

（1）初始化种群：首先对水稻种群进行划分，在这一步需要确定初始化的水稻种群数量 N，也就是运行一次算法需要执行的实验次数，初始化时划分的水稻种群总数 N，代表一次分布式运行实现了 N 次相互独立的杂交水稻算法的串行实验，相当于 Hadoop 上每个节点独立运行杂交水稻完整操作。因为每个水稻种群分别对应着单独的 Map 和 Reduce 操作，而每个水稻种群的初始化过程是在 Mapper 上进行的，所以初始化水稻种群时设置的水稻种群总数 N 即是 Mapper 的数量。

（2）Map 阶段操作：在 Map 阶段需要完成对水稻种群初始化的操作，对适应度函数进行评估，计算适应度值，设置最大杂交次数、迭代次数等参数，进行个体选择操作，并将结果传递给 Reduce。

（3）Reduce 阶段操作：在 Reduce 阶段进行杂交水稻的种群进化操作，根据个体适应度值排序分配角色，完成杂交操作、自交操作和重置操作等，并且选择出最合适的水稻个体来完成本次循环，直至循环迭代达到最大次数。

（4）最终结果输出：在输出程序中，比较 Reduce 上的个体适应度值，选择具有更高适应度值的个体作为实验的最终结果，即最佳水稻个体。

方案二如图 2.3 所示。

方案二的具体步骤如下。

（1）种群初始化：初始化对种群的划分同方案一的步骤（1）。

（2）种群的进化操作：在水稻种群划分好后，每个种群分别在相对应 Mapper 上独立完成，使用第一个 Map 计算适应度值，在 Reduce 阶段对水稻种群个体排序形成序列；使用第二个 Map 对水稻个体分配角色，并且紧接着执行杂交、自交、重置等操作，经过迭代达到收敛条件后，可以输出最终的最优个体。

（3）中间结果的传输：将第一个 Mapper 得到的（fitness，value）传递给相应的 Reducer 得到（fitness，value-list），然后由第二个 Mapper 对水稻个体进行角色划分（groupID，value-list），紧接着将结果传递给相应的 Reducer，经过杂交水稻操作最终得到最优解（水稻个体序列、水稻个体最优值）。

（4）最终结果输出：在输出的程序中，将 Reducer 上的个体适应度值进行比较，最终选择出适应度值较高的个体作为本实验的最终结果，即最优水稻个体。

在方案一中，由于将每次迭代的水稻种群的重新选择部分分散到 Map 和 Reduce 中，并且将结果写入 HDFS 中，所以这无疑会使集群系统的文件读写操作量大大增加，将会消耗更多的计算时间。

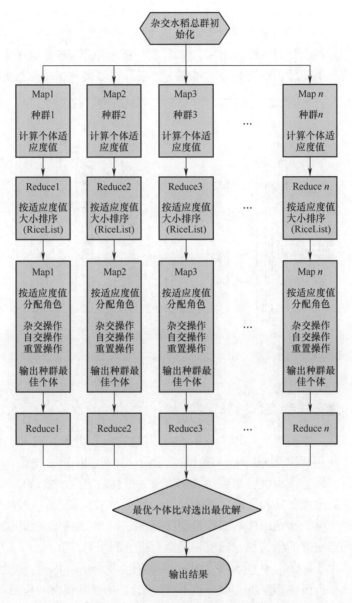

图 2.3　基于 Hadoop 的分布式杂交水稻算法方案二

在方案二中，把水稻种群个体的角色分配、水稻种群的育种进化操作集中在不同的 Map 阶段，Reduce 阶段只做合并和输出，这样就使数据保存在内存之中，减少了文件的读写操作，从而使计算花费有所减低，降低时间上的复杂度。因此，本章采用方案二来实现分布式算法。

方案二与方案一的运行时间实验效果对比图如图 2.4 所示。实验用来自 CEC2015 中的测试函数 F11 对基于 Hadoop 的分布式 HRO 算法进行性能测试，以实验运行时间和种群规模为指标，从图 2.4 中也可以明显看出在其他实验条件相同的情况下，随着种群数量的增加，方案二比方案一在时间上更有优势。

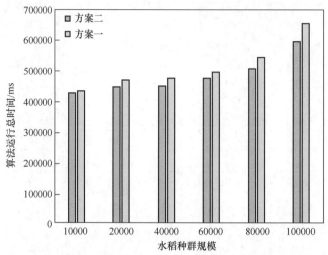

图 2.4　方案一与方案二的运行时间效果对比

■ 2.2.2　分布式杂交水稻算法实现

分布式杂交水稻算法使用 MapReduce 模型的核心思想：对种群的每一代进化过程都调用两次 MapReduce 操作，在第一个 MapReduce 操作中，Map 函数将种群个体编号作为键，水稻基因作为值，根据适应度函数计算水稻种群个体对应的适应度值，MapReduce 框架将 Map 函数接收的键/值对转换为以个体适应度值作为键，水稻个体基因作为值的键/值对。Reduce 函数是把接收到的数据的相同键对应的值规约，形成相同键对应值的序列。

在第二个 MapReduce 操作中，Map 函数把上一个 Reduce 的输出结果作为输入，对适应度值进行分组，以分组 ID 作为键，一样的键所对应的值作为值，然后实现子代种群的杂交、自交、重置操作，Reduce 函数将执行杂交、自交、重置得到的新个体规约起来，形成一个新的子代种群。将生成的新一代子群输出到文件，作为下一个 MapReduce 操作周期的输入数据。执行初始化任务的客户端读取输出文件中的个体数量，并检查 MapReduce 完成时是否满足终止条件。流程图如图 2.5 所示。

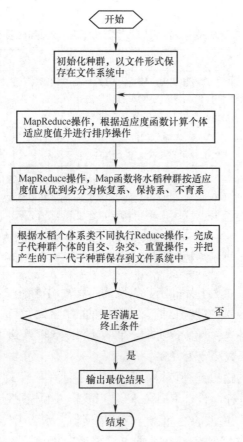

图 2.5　并行杂交水稻算法总体流程

▋2.2.3　分布式杂交水稻算法的 MapReduce 过程

MapReduce 编程模型的一个强大之处是，即使开发者对分布式底层框架和分布式并行编程不了解，也可以熟练地操作基于 MapReduce 理论搭建的并行化编程平台，也就可以充分地发挥分布式系统的强大威力。开发者也仅仅需要考虑如何设置键/值对，以及充分利用 Map 函数和 Reduce 函数的优势来实现自己的目的。

分布式杂交水稻算法主要考虑从两个方面进行 MapReduce 操作。第一个 Map 操作在初始化完成后，根据适应度函数对水稻种群个体键/值对（key，value）进行计算，使种群个体生成新的键/值对（fitness，value），Reduce 操作是对 Map 操作进行汇总，形成一个数据列（fitness，value-list），其 MapReduce 操作过程见表 2.1。

表 2.1　分布式杂交水稻算法的第一个 MapReduce 操作过程

处理阶段	描　述
Mapper	在该作业中，Mapper 的角色是对初始化产生的<水稻种群中个体 ID，水稻个体>键/值对根据适应度函数进行计算，最终将新得到的<适应度值，水稻个体>作为 Map 结果输出
洗牌和排序	MapReduce 框架的排序和洗牌将基于索引值来排序所有记录，以保证 Reduce 可以接收到某个给定键的全部索引
Reducer	在该作业中，Reducer 的角色是构建索引结构，可能有一个或者多个 Reducer，这取决于系统要求，Reducer 在得到索引并记录了以后，会根据索引值，对记录进行期望的存储，即排序过程
结果	该作业执行的结果是完成索引排序，即将键/值对<适应度值，水稻个体>转换为新的键/值对<适应度值，水稻个体 List>输出

（1）Map 过程（设计 Map 函数以及输入和输出键/值对）。

1）Map 函数输入的键/值对：<种群中的相对 ID，水稻个体>。

2）Map 函数将要实现的功能：将初始化种群得到的种群个体（key，value）经过 Map 函数转变为（ID，value）。

3）Map 函数的输出键/值对：<适应度值，水稻个体>。

（2）Reduce 过程（设计 Reduce 函数以及输入和输出键/值对）。

1）Reduce 函数输入的键/值对：<适应度值，水稻个体>。

2）Reduce 函数将要实现的功能：根据适应度值，Hadoop 自动将适应度值/水稻个体的集合进行排序，形成键/值对<适应度值，水稻个体 List>。

3）Reduce 函数输出的键/值对：<适应度值，水稻个体 List>。

为 Reduce 函数结果输出。

第二个 Map 操作对输入的键/值对（fitness，value-list）根据适应度值进行排序分组，输出键/值对（groupID，value-list）；在 Reduce 操作中，调用杂交水稻算法（即杂交、自交、重置操作）得到新一代个体，并且遍历整个 Map 中的优秀个体，找出全局最优解。其 MapReduce 操作过程见表 2.2。

（1）Map 过程（设计 Map 函数以及输入和输出键/值对）。

1）Map 函数输入键/值对：<适应度值，水稻个体 List >。

2）Map 函数要实现的功能：根据适应度值，将 Map 函数输入的数据由优到劣进行分组，较优的个体为恢复系、次优的个体为保持系、剩下的个体为不育系，并将输入的键/值对<适应度值，水稻个体 List >转换为新的键/值对输出。

表 2.2　分布式杂交水稻算法的第二个 MapReduce 操作过程

处理阶段	描　　述
Mapper	在该作业中，Mapper 的角色是通过上一个 MapReduce 获得的键/值对<适应度值，水稻个体 List>中的适应度值，对水稻个体进行分配角色，即取水稻个体 List 中的 N/3 个作为恢复系，N/3 个作为保持系，剩余水稻个体作为不育系，并且根据水稻个体的角色不同进行杂交水稻育种操作（杂交操作、自交操作、重置操作）
洗牌和排序	MapReduce 框架的排序和洗牌对上一步所有 Mapper 中育种产生的新个体进行记录，以保证杂交水稻育种操作过程得到的最优个体传入到 Reducer 中
Reducer	在该作业中，Reducer 的角色是对所有 Mapper 中产生的最优水稻个体进行记录。通过水稻个体的适应度值对比，得到全局最优个体
结果	该作业执行的结果是输出新的键/值对<水稻个体序列，水稻个体最优值>作为最终结果输出

3）Map 函数输出键/值对：<分组 ID，水稻个体 List>。

（2）Reduce 过程（设计 Reduce 函数以及输入和输出键/值对）。

1）Reduce 函数输入的键/值对：<分组 ID，水稻个体 List>。

2）Reduce 函数将要实现的功能：根据 Reduce 函数输入的键/值对，调用杂交水稻算法（主要是保持系自交、恢复系与不育系杂交以及重置的过程），得到当前任务节点的全局最优解，并且遍历所有 Map 中的最优个体，通过比较适应度值与个体优劣，找出最优的水稻个体。

3）Reduce 函数输出的键/值对：<水稻个体序列，水稻个体最优值>。

2.2.4　基于 Hadoop 的分布式杂交水稻算法流程

图 2.6 给出了基于 Hadoop 的分布式杂交水稻算法流程。

在 Map 函数中，需要计算水稻种群中的个体适应度值，并根据适应度值进行分配角色，通过保持系与不育系杂交、恢复系自交，运用轮盘赌选择策略重新选择进化完成的水稻种群的最优个体，并将该水稻个体及其适应度值以键/值对（key，individuals）的形式传递给 Reduce 函数。

在 Reduce 函数中，需要将 Mapper 上的水稻种群育种进化得到的最优个体进行比对，从而在所有 Map 的结果中选出全局最优水稻个体作为最终结果并输出。

2.2.5　实验结果与分析

（1）实验环境介绍。

因为本实验要利用 Hadoop 平台中的分布式并行计算框架 MapReduce 来完

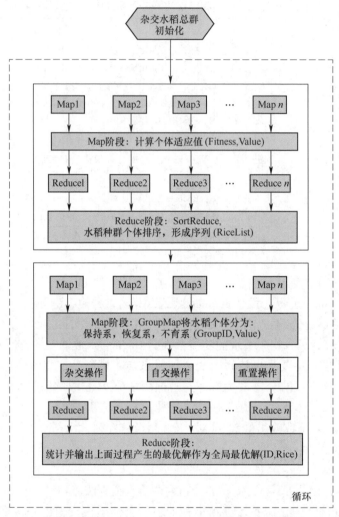

图 2.6　基于 Hadoop 的分布式杂交水稻算法流程图

成 HRO 算法并行化计算，所以首先需要进行 Hadoop 大数据平台的环境搭建。本实验将 Hadoop 环境搭建在两台 PC 机上，配置 5 个 Hadoop 集群节点，PC 机的具体硬件配置见表 2.3。

表 2.3　实验硬件环境配置

名　　称	参　　数
设备型号	ThinkPad−E470
CPU	Intel 第 8 代 酷睿

续表

名　称	参　数
内存	DDR4 2133 16GB
硬盘	256GB SSD
操作系统	Windows 10 旗舰版

　　本实验在由两台 PC 机所组成的局域网上搭建的具有 5 个节点的 Hadoop 分布式集群环境下运行，其中一台 PC 机作为主节点，通过 SSH 控制另外一台 PC 机的剩余 4 个副节点。每个节点的操作系统环境及开发平台配置参数见表 2.4。

表 2.4　实验软件环境配置

名　称	参　数
节点操作系统	Ubuntu 12.10
Java 运行环境	jdk1.8.0_121
IDE 平台	Eclipse-jee-juno-SR3（Linux 版）
Hadoop 版本	Hadoop-2.7.0
Mahout	apache-mahout-distribution-0.11.1

　　实验通过配置有主节点的 PC 机来操作 Hadoop 集群，通过 SSH 命令对远程的 Hadoop 节点进行通信，一台 PC 机作为 NameNode，即主节点 master；另外一台 PC 机通过虚拟机配置剩余 4 个 DataNode，即从属节点 slave，主节点 master 与从属节点 slave 之间通过千兆局域网卡连接，各从属节点之间通过网桥连接。实验环境拓扑结构如图 2.7 所示。

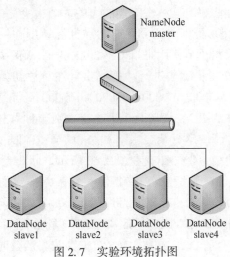

图 2.7　实验环境拓扑图

图 2.8 为实验运行系统架构，自底向上依次为物理层、计算层和算法。

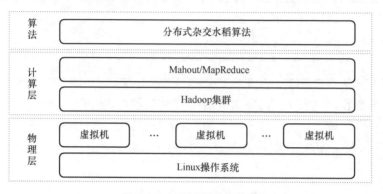

图 2.8　实验运行系统架构

（2）主要参数设置。

HRO 算法主要参数设置见表 2.5。

表 2.5　HRO 算法主要参数设置表

主要参数名称	参　数　值
种群数量 N	设置为实验变量
维度 O	10 维
迭代次数 P	100 次

（3）实验内容及过程。

现实生活中的许多 Question 都可以抽象成函数的优化问题，同样测试函数优化问题是对优化算法解决连续性问题能力的一个检验。为了能充分验证基于 Hadoop 的分布式杂交水稻算法的寻优能力和计算速度在一定条件下优于传统串行杂交水稻算法，本小节使用来自 CEC2015 的测试函数 F3 和 F11，对基于 Hadoop 的分布式杂交水稻算法进行性能测试，在算法初始化时设置水稻群体数为 10000、20000、40000、60000、80000、100000 不等，其中不育系、保持系、恢复系均为群体的 1/3，设置其最大自交次数与种群总数量相等。迭代次数为 100 次。分别对传统串行杂交水稻算法和基于 Hadoop 的分布式杂交水稻算法进行实验。实验结果如图 2.9 和图 2.10 所示。

从图 2.9、图 2.10 可以看出，在其他实验条件一定的情况下，随着水稻种群规模的增大，由于算法本身的复杂度的增加，算法的运行时间也会越来越长，当种群规模小于某一值时，传统串行 HRO 算法运行速度要略快于基于 Hadoop 的分布式 HRO 算法，这是因为分布式算法在运行时需要将集群各节点

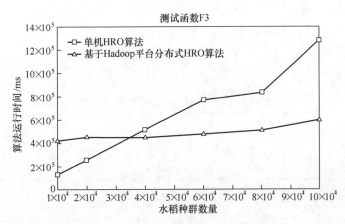

图 2.9　测试函数为 F3 时 HRO 与分布式 HRO 实验运行时间对比

图 2.10　测试函数为 F11 时 HRO 与分布式 HRO 实验运行时间对比

之间的通信时间也包含在内，并且算法在分布式计算过程中的读、取也需要消耗一定的时间。但是当种群规模大于某一值的时候，基于 Hadoop 的分布式杂交水稻算法运行时间就要明显少于传统串行 HRO 算法运行所需要的时间。这时分布式算法在时间上的优势就明显体现出来了。

为了更加全面地验证基于 Hadoop 的分布式杂交水稻算法的性能与 Hadoop环境中的节点数的关系，本章采用了加速比[46]来衡量分布式杂交水稻算法在时间上的提升速率。其中加速比的计算方式如下：$\alpha = T_1/T_2$。其中，α 表示加速比；T_1 表示传统串行杂交水稻算法的运行时间；T_2 表示基于 Hadoop 的分布式杂交水稻算法的运行时间。

本实验的测试函数来自 CEC2015 中的 F11，维度为 10 维，分别做单机串行运算测试和分布式测试。同时，并行化时通过增加集群节点数来实现实验需求。基于 Hadoop 的分布式杂交水稻算法的加速比与 Hadoop 分布式环境中的节点的数量关系如图 2.11 所示。表 2.6 显示了 Hadoop 的节点数目、运行时间和加速比。

表 2.6　Hadoop 的节点数目、运行时间和加速比对比表

节点数目	2	3	4	5
T_2 /ms	746339	635286	555252	469023
加速比	0.801	0.941	1.077	1.275

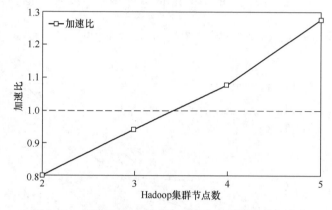

图 2.11　基于 Hadoop 的分布式杂交水稻算法的加速比
与 Hadoop 分布式环境中的节点的数量关系

由图 2.11 可以得知，当 Hadoop 集群环境中的节点数目在某一数值范围内时，基于 Hadoop 的分布式杂交水稻算法运行时间超过传统串行杂交水稻算法运行的时间，这是因为当 Hadoop 集群中的节点数目比较少时，每个节点之间的网络通信需要消耗大量时间。然而随着集群中的节点数目的增加，分布式杂交水稻算法运行的加速比会逐渐提高，所以在集群节点数目较多的情况下做分布式运算才会更有意义。

2.3　基于 Hadoop 的杂交水稻算法改进 SVM

因为当前较为流行将群智能优化算法与 SVM 进行结合，所以如何对 SVM 的参数对 (C, σ) 进行优化是研究学者经常讨论的问题，也是目前应用较为广

泛的试验方法。一般情况下，GA、PSO 和 AOC 等是常用的群智能优化算法，其中 GA 是目前使用范围较广的群智能优化算法，然而现实遇到的情况是 GA 中的交叉、变异、选择等操作相当繁杂，并且对于许多客观存在的问题都有相当的局限性。相比之下，杂交水稻算法是一种新的群智能优化算法，它根据杂交水稻生产育种的方式将群体分为不同的部分，并按照一定的方式进行更新。算法参数较少，原理简单，容易实现。因为分布式杂交水稻算法利用 MapReduce 的思想，所以无论是在寻优能力还是在运行时间上都更加优秀更加高效，适用于多种优化问题。本节将基于 Hadoop 分布式杂交水稻算法对 SVM 的参数进行改进调优。而分布式杂交水稻算法用于对 SVM 的惩罚因子和核函数的自动选择。此算法为如何对 SVM 的参数进行选择提供了行之有效的方案。

2.3.1　支持向量机相关理论

1. 支持向量机概述

支持向量机（Support Vector Machine，SVM）是一种新的基于统计学习思想的分类识别方法，具有非常广泛的应用场景。SVM 也是一个性能强大、使用方便、理论简单的分类器，许多研究学者越来越重视这种优秀的分类器，并且在诸多方面深入研究了它的用途即优势，如数据挖掘、图像处理等领域。

SVM[47] 的优点主要有以下几点。

（1）对于机器学习中的过学习问题，SVM 可以非常好地避免，这是因为 SVM 是结构风险最小化的算法。

（2）SVM 作为目前比较常用的适合于微小样本的数据分类方法，在一定的样本数据中能够寻求其最优解。

（3）因为 SVM 可以将问题简化，所以可以获得全局最优解并避免局部最优的问题。主要是将复杂问题转换为二次规划的问题。

由于 SVM 具备许多优点，因此对于训练时间过长、过学习、维数灾难以及陷入局部最优解等问题，通过 SVM 都可以获得很好的解决方案。同时 SVM 的算法非常简洁。因为 SVM 能够很好地处理机器学习的各种问题，所以它也被广泛传播使用。

SVM 求解问题就是求解最优分类面的问题，那么如何才能确定最优分类面？图 2.12 对其基本思想[48-49] 进行了详细阐述说明。

在图 2.12 中，空心圆圈和实心圆圈分别表示两种不同种类的样本，图中倾斜的一条实心直线和两条虚线分别代表分类线与分类间隔。分类间隔就是两条虚线之间的距离。当分类间隔增加时，SVM 的泛化能力和分类效果都越来越好，即为正比关系。那么如何对两类数据进行精准的分类也是 SVM 的研究对象，而最优分类线就说明了这个问题。而且在此情况下分类间隔最大，即分类效果最好。SVM 的总体思路就是如何寻找最优的分类面，使用最优分类面对研究样本进行分类，得到最好的分类效果。也就是说，此时样本之间分类间隔最大。

对于特定的训练样本数据集 $\{(x_i, y_i)\}$，$i = 1, \cdots, n$，其中，$x_i \in R^d$；$y_i \in \{-1, 1\}$；n 是样本数；d 是数据维度；y_i 是向量的种类，分类面的方程为

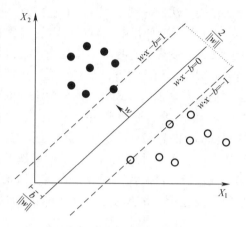

图 2.12　SVM 分类示意图

$$\omega \cdot x - b = 0 \qquad (2.5)$$

在样本集[50]线性可分的情况下，它的判别函数可以表示为

$$\left.\begin{aligned} f(x) &= \omega \cdot x + b \\ y_i[\omega \cdot x_i + b] &- 1 \geqslant 0, \ i = 1, \cdots, n \end{aligned}\right\} \qquad (2.6)$$

式中：b 是分类的阈值；ω 为多维特征空间中分类面的一维系数向量。如果要使分类的效果达到最好，只有当分类间隔非常大时才能够做到，所以此问题可以转换为

$$\min = \frac{1}{2}\|\omega\|^2 \qquad (2.7)$$

此时就相当于把最优分类面的问题变为凸二次规划优化的对偶问题，可以用下式表示：

$$\left.\begin{aligned} &\max \sum_{i=1}^{n} a_i - \frac{1}{2}\sum_{i=1}^{n}\sum_{j=1}^{n} a_i a_j y_i y_j (x_i \cdot x_j) \\ &a_i \geqslant 0, \ i = 1, \cdots, n \\ &\sum_{i=1}^{n} a_i y_i = 0 \end{aligned}\right\} \qquad (2.8)$$

式中：a_i 是 Lagrange 乘子。这样就相当于把问题简化成求解二次函数的问题，此时就可以求解到函数的唯一解。

对于线性不可分的数据样本，要再利用式（2.8）求解就不能满足条件了，这种情况下如果需要对数据样本进行精确分类，并且获得最终的分类结

果，公式如下：

$$
\left.
\begin{aligned}
&\max \sum_{i=1}^{n} a_i - \frac{1}{2} \sum_{i=1}^{n} \sum_{j=1}^{n} a_i a_j y_i y_j (x_i \cdot x_j) \\
&0 \leqslant x_i \leqslant C, \ i = 1, \cdots, n \\
&\sum_{i=1}^{n} a_i y_i = 0
\end{aligned}
\right\}
\tag{2.9}
$$

然而在实际生产生活中，大部分的数据样本都是线性不可分的，并且用上述的求解方式求解最优平面将会非常繁杂。在这种情况下，如果需要求解该问题，可以在更高维度的空间中进行，这样就可以更加方便地解决该问题。此时需要求解的目标函数可转换为

$$
\max Q(a) = \sum_{i=1}^{n} a_i - \frac{1}{2} \sum_{i=1}^{n} \sum_{j=1}^{n} a_i a_j y_i y_j K(x_i, x_j)
\tag{2.10}
$$

式中：$K(x_i, x_j)$ 为核函数。最后的判别函数为

$$
y = \mathrm{sgn} \left(\sum_{i=1}^{n} a_i y_i K(x_i, x_j) + b \right)
\tag{2.11}
$$

2. SVM 参数表示方法

在非线性问题中，核函数[51]（Kernel Function）的目的是实现把低纬空间的非线性关系向高纬空间的线性关系转换。其表达式为

$$
K(x_i, x_j) = (\varphi(x_i) \cdot \varphi(x_j))
\tag{2.12}
$$

式中：$K(x_i, x_j)$ 为核函数；φ 表示非线性映射。

Mercer 定理可以表述为：对任意定义在 $X \times X$ 上的连续对称方法 $K(x_i, x_j)$，在某个特征空间中，其充分必要条件是对于满足 $\int \varphi^2(x) \mathrm{d}x < \infty$ 且 $\varphi(x) \neq 0$ 的函数 $\varphi(x)$，下式成立：

$$
\int_X \int_X K(x_i, x_j) \varphi(x_i) \varphi(x_j) \mathrm{d}x_i \mathrm{d}x_j \geqslant 0
\tag{2.13}
$$

在使用 SVM 时，是在实际应用中不清楚具体映射的情况下只需要选定核函数[52]。为避免高纬计算问题，我们常使用核函数。实验研究常用的核函数有以下几种。

（1）线性核函数：$K(x, y) = (x \cdot y) = x^t y$。

（2）多项式核函数：$K(x, y) = (x.y) = (x^t y + 1)^q$，$q$ 表示阶数。

（3）径向基核函数（RBF）：$K(x, y) = \exp\left(-\dfrac{||x - y||^2}{\sigma^2} \right)$，$\sigma$ 为核参数。

（4）Sigmoid 核函数：$K(x, y) = \tanh[a_1(x^t y) + a_2]$，其中 $a_1(>0)$、

$a_2(\ <0)$ 是自定义的参数。

尽管 SVM 的性能在各方面都表现得比较好，但常用的核函数很少，RBF 为最常用的核函数，因为它比较简单，只有一个核参数。对于研究工作中经常遇到的问题，SVM 需要用户去主观指定一个参数 C，因此与其对应的 SVM 均为两个参数，它们分别为 (C,σ) 和 (C,d)。

RBF 核函数具备以下诸多优点。

(1) 简洁，便于实现，即便输入许多变量，也不会大量增加其复杂性。

(2) 通用性强，通过参数选择，可以适用于各种样本。

(3) 符合正态分布，具有很好的解析性，便于理论分析。

(4) 平滑性较好，存在任意阶导数。

(5) 函数的对称性较好。

(6) 泛化能力较强。

另外，RBF 的核值范围为 $(0,1)$，这也大大简化了算法的计算过程。基于以上原因，本小节使用 RBF 核函数进行实验。

2.3.2 使用杂交水稻算法优化 SVM 参数

在使用 SVM 的过程中，因为最终的分类准确率主要是受惩罚因子 C 和核函数的核参数 σ 的影响，所以如何选择适当的 C 和 σ 非常重要。利用杂交水稻算法的稳定性好、寻优能力强的特点全局搜索，可以提高分类模型的分类准确率。使用杂交水稻算法优化 SVM 流程如图 2.13 所示。

使用杂交水稻算法的 SVM 参数对 (C,σ) 进行优化步骤如下。

(1) 初始化种群。随机产生初始种群个体，设定水稻种群数 N、最大育种次数 maxIteration 和最大自交次数 maxTime。

(2) 计算个体的适应度值。根据适应度值将种群从优到劣进行排序，并将种群划分为保持系、恢复系和不育系。记录当前的种群最优解。

(3) 杂交操作，通过不育系与保持系 Hybridization 来对不育系进行更新。杂交过程进行的次数与不育系的个体数量相同。

(4) 自交操作，通过恢复系与恢复系自交来更新下一代的恢复系。自交进行的次数与恢复系的个体数量相同。

(5) 重置操作。实际上是自交过程的一个子过程，用来处理达到自交次数上限的恢复系个体。

(6) 记录当前所得到的最优的个体的基因，若未达到最大育种代数 maxIteration 或小于优化误差，则跳转至 (2)，否则将当前最优个体的基因作为结果输出，即输出最优解 (C,σ)。

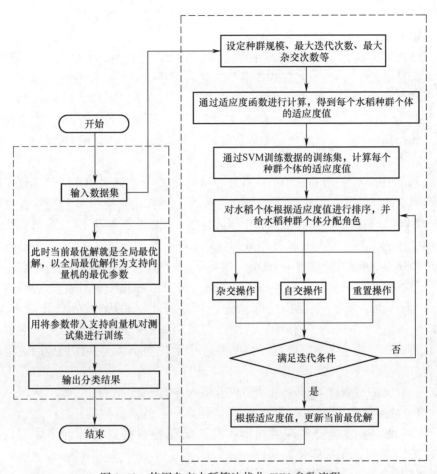

图 2.13　使用杂交水稻算法优化 SVM 参数流程

（7）验证。将输出的 SVM 最优参数代入 SVM 中，用数据进行研究验证，评价选择的参数是否适合用分类效果，即对分类准确率是否达到预期值进行评估。

2.3.3　使用分布式杂交水稻算法优化 SVM 参数

1. 使用分布式杂交水稻算法优化 SVM 参数

由公式 $K(x, y) = \exp\left(-\dfrac{\|x - y\|^2}{\sigma^2}\right)$ 可知，参数 σ 设置太小，很容易造成过度学习的情况；参数 σ 设置过大，则会导致系统性能变差。因此，在设置参数 σ 的值时，就需要尽量使参数 σ 与训练样点之间的距离相差不大。惩罚

因子 C 在构造分类面方程时对参数 σ 的取值加以限制，惩罚因子 C 的值不合适，都会使系统的性能变差。

然而如何确定 SVM 参数，在理论界也没有固定的标准，所以在实践中，往往都是通过个人经验设置 SVM 参数，这种方法主观性、随意性都很大，在很大程度上对 SVM 的分类效果有一定的影响。本小节采用基于 Hadoop 的分布式 HRO 算法作为优化 SVM（HRO-SVM）的参数[60]设置的工具，利用 HRO 算法的全局寻优强、能跳出局部的最优特性来自动找到 SVM 的参数的最优值。

2. 使用分布式杂交水稻算法优化 SVM 流程

基于 Hadoop 的分布式 HRO-SVM 主要考虑并行杂交水稻算法的实现，其过程有两次 Map-Reduce 操作。在第一次 Map 操作中，使用 K 倍交叉验证方法的 SVM 分类准确性作为总体的个体适应值，以随机初始化 SVM 参数值作为水稻个体的 value。根据适应度函数，计算水稻种群的个体键/值对（关键值），以便个体生成新的键/值对（value），Reduce 操作是对 Map 操作进行汇总，形成一个数据列（fitness，value-list）。在第二次 Map 操作中，对输入的键/值对（fitness，value-list）根据适应度值进行排序分组，输出键/值对（groupID，value-list）；在 Reduce 操作中，调用杂交水稻算法（即杂交、自交、重置操作）得到新一代个体，它还遍历整个 Map 中的优秀个体，并找到全局最优解作为 Reduce 函数的输出。

（1）Map 过程（设计 Map 函数以及输入和输出键/值对）。

1）Map 函数输入的键/值对：<分类精确度，SVM 参数值>。

2）Map 函数将要实现的功能：将初始化种群得到的种群个体（key，value）经过 Map 函数转换为（Fitness，value）。

3）Map 函数的输出键/值对：<适应度值，水稻个体>。

（2）Reduce 过程（设计 Reduce 函数以及输入和输出键/值对）。

1）Reduce 函数输入的键/值对：<适应度值，水稻个体>。

2）Reduce 函数将要实现的功能：根据适应度值，Hadoop 自动将适应度值/水稻个体的集合进行排序，形成键/值对<适应度值，水稻个体 List>。

3）Reduce 函数输出的键/值对：<适应度值，水稻个体 List >。

（3）Map 过程（设计 Map 函数以及输入和输出键/值对）。

1）Map 函数输入键/值对：<适应度值，水稻个体 List >。

2）Map 函数要实现的功能：根据适 Fitness，将 Map 输入的数据由优到劣进行分组，较优的个体为恢复系、次优的个体为保持系、剩下的个体为不育系，并将输入的键/值对<适应度值，水稻个体 List >转换为新的键/值对输出。

3）Map 函数输出键/值对：<分组 ID，水稻个体 List>。

（4）Reduce 过程（设计 Reduce 函数以及输入和输出键/值对）。

1）Reduce 函数输入的键/值对：<分组 ID，水稻个体 List>。

2）Reduce 函数将要实现的功能：根据 Reduce 函数输入的键/值对，调用杂交水稻算法（主要是保持系自交、恢复系与不育系杂交以及重置的过程），得到当前任务节点的全局最优解，并且遍历所有 Map 中的最优个体，通过比较适应度值与个体优劣，找出最优的水稻个体。

3）Reduce 函数输出的键/值对：<水稻个体序列，水稻个体最优值>。

将当前最优个体的基因作为结果输出，即输出最优解 C，σ 作为 SVM 算法核函数核参数，通过此方法可以有效避免根据经验设置核参数对 SVM 算法造成的随机性较大的影响。

在 Map 函数中，需要计算水稻种群中的个体 Fitness，根据 Fitness 分配角色，通过保持系与不育系杂交、恢复系自交，运用轮盘赌选择策略重新选择进化完成的水稻种群的最优个体，并将该水稻个体及其适应度值以键值对（key，individuals）的形式传递给 Reduce 函数。

在 Reduce 函数中，需要将 Mapper 上的水稻种群育种进化得到的最优个体进行比对，从而在所有的 Map 结果中选出全局最优水稻个体作为最终结果并输出。

■2.3.4　实验结果分析

1. 数据集

本章的实验数据集采用的是 covtype. data。分别对单机 HRO-SVM、基于 Hadoop 的分布式 HRO-SVM 的性能进行了实验分析。UCI 数据集 covtype. data 的相关描述如图 2.14 所示。

Data Set Characteristics:	Multivariate	Number of Instances:	581012	Area:	Life
Attribute Characteristics:	Categorical,Integer	Number of Attributes:	54	Date Donated	1998-08-01
Associated Tasks:	Classification	Missing Values?	No	Number of Web Hits:	175885

图 2.14　UCI 数据集 covtype. data 的相关描述

2. 实验过程

在上述数据集中分别选择不同数量的样本，对基于 Hadoop 的分布式 HRO-SVM 与单机 HRO-SVM 在运行总时间上作了实验分析。Hadoop 集群环境的节点数量为 5 个（其中 1 个 NameNode，4 个 DataNode）。实验结果如图 2.15 所示。表 2.7 为单机 HRO-SVM 与基于 Hadoop 的分布式 HRO-SVM 运行时间对比。

表2.7 单机 HRO-SVM 与基于 Hadoop 的分布式 HRO-SVM 运行时间对比

样本数量		5000	10000	15000	20000	25000	30000
运行总时间/ms	单机 HRO-SVM	888044	2375894	6315590	10203200	12152166	15683649
	基于 Hadoop 的分布式 HRO-SVM	699980	1450905	4128493	6794378	8377187	10989282

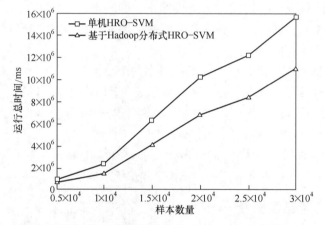

图2.15 单机 HRO-SVM 与分布式 HRO-SVM 运行时间对比

由图 2.15 分析可知，使用基于 Hadoop 的分布式杂交水稻算法优化 SVM 参数比传统非分布式 HRO 算法优化分类器 SVM 参数消耗的时间更少，并且随着训练样本数量的增加，基于 Hadoop 的分布式杂交水稻算法优化 SVM 参数在运行总时间上明显低于传统非分布式的算法运行总时间。

同时，再在上述数据集中分别抽取了 6 组不同数量的样本，每组样本包括相同数量的测试数据集与训练数据集。对基于 Hadoop 的分布式 HRO-SVM 与 HRO-SVM 在分类器分类精度上作了实验对比分析。实验结果如图 2.16 所示。表 2.8 为单机 HRO-SVM 与基于 Hadoop 的分布式 HRO-SVM 分类精度对比。

表2.8 单机 HRO-SVM 与基于 Hadoop 的分布式 HRO-SVM 分类精度对比

组别	Data-Test	Data-train	分类精度	
			单机 HRO-SVM	分布式 HRO-SVM
Group 1	5000	5000	78.66%	78.07%
Group 2	10000	10000	78.96%	78.67%

组别	Data-Test	Data-train	分类精度	
			单机 HRO-SVM	分布式 HRO-SVM
Group 3	15000	15000	79.36%	79.23%
Group 4	20000	20000	81.59%	81.63%
Group 5	25000	25000	81.80%	82.08%
Group 6	30000	30000	82.93%	82.71%

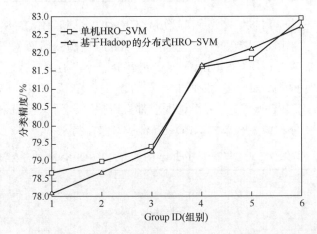

图 2.16　单机 HRO-SVM 与基于 Hadoop 的分布式 HRO-SVM 分类精度对比

由图 2.16 分析可知，基于 Hadoop 的分布式 HRO-SVM 在分类精度上与单机 HRO-SVM 基本持平，但随着样本数据集的数量增加，分类效果也越来越好。由图 2.15 与图 2.16 的对比分析可知，在样本数据集数量相同的条件下，基于 Hadoop 的分布式 HRO-SVM 在分类精度上与单机 HRO-SVM 基本持平，而算法的时间复杂度明显降低。

通过对比随水稻种群数量的增加，单机 HRO-SVM 和基于 Hadoop 的分布式 HRO-SVM 的运行总时间和分类精度也可以证明，基于 Hadoop 的分布式 HRO-SVM 的表现性能与单机 HRO-SVM 算法相比得到了相对明显的提升。

实验选用标准 UCI 中的数据集 adult.data 作为测试集和训练集，对单机 HRO-SVM 和基于 Hadoop 的分布式 HRO-SVM 进行实验对比分析，设置种群数量分别为 20、30、40、50 和 60，迭代次数为 100 次，分别进行 10 次实验，计算得到算法运行总时间和分类精度的平均值。实验结果见表 2.9 和表 2.10。

表 2.9　单机 HRO-SVM 与基于 Hadoop 的分布式 HRO-SVM 在
运行总时间分类精度上的对比

种群数量		20	30	40	50	60
算法运行总时间/ms	单机 HRO-SVM	4090400	6802339	10988919	15175500	21365357
	基于 Hadoop 的分布式 HRO-SVM	3823651	3238320	5530035	7821750	9720300

由表 2.9 分析可知，随着种群数量的增加，单机 HRO-SVM 和基于 Hadoop 的分布式 HRO-SVM 在时间复杂度上都有所提高，然而基于 Hadoop 的分布式 HRO-SVM 运行所耗用的总时间要明显少于单机 HRO-SVM。

由表 2.10 分析可知，随着种群数量的增加，单机 HRO-SVM 和基于 Hadoop 的分布式 HRO-SVM 在分类精度上都有所提高，而基于 Hadoop 的分布式 HRO-SVM 的分类精度与单机 HRO-SVM 基本保持持平。

表 2.10　单机 HRO-SVM 与基于 Hadoop 的分布式 HRO-SVM 的分类精度对比

算法类别		分类精度	
		单机 HRO-SVM	基于 Hadoop 的分布式 HRO-SVM
种群数量	20	76.64%	78.21%
	30	82.41%	81.79%
	40	82.93%	82.45%
	50	83.45%	83.11%
	60	84.43%	84.42%

由以上两组实验分析可知，在样本数据集相同，杂交水稻算法迭代次数、水稻个体基因维度等相同的条件下，随着种群数量的增加，基于 Hadoop 的分布式 HRO-SVM 在分类精度上与单机 HRO-SVM 相差不大。而其在运行总时间的复杂度上明显降低。

基于 **Hadoop** 的随机奇异值分解算法

3.1　随机奇异值分解算法

　　本章主要介绍使用矩阵低阶近似加速大规模矩阵分解的算法，以此来有效解决矩阵分解复杂度高的问题。随机算法在矩阵低阶近似中扮演了重要的角色，在处理像奇异值分解这种计算密集型的问题时，能够提高奇异值分解的速度。从而使奇异值分解可以运用在推荐系统中，为用户解决伴随着数据量猛增而出现的信息过载问题。然而，像电子购物网站以及类似的这种企业级应用，仅仅使用随机算法加速奇异值分解，还无法成为这种级别的应用。现在大数据平台 Hadoop 以及分布式计算模型 MapReduce 的出现，可以进一步提高矩阵分解的速度。本章将对奇异值分解、随机算法、分布式平台、分布式计算模型这些与本章研究内容息息相关的内容进行介绍和说明。

■ 3.1.1　随机投影方案

　　矩阵求逆、特征值分解、奇异值分解等矩阵运算在实际应用中无处不在。因为这些矩阵在操作中要消耗很多时间和内存，所以在数据量很大的情况下，这些操作过于昂贵。在现实应用中，因为数据本身具有噪声，所以机器精度矩阵操作根本就不是必需的，并且可以提供计算效率的合理数量的准确性。随机算法在大规模数据矩阵中的应用，近年来受到了极大的关注。随机算法在矩阵问题上的成功在于矩阵是处理海量来自各领域应用数据的最普遍的数据结构。无论是在最坏情况的渐近理论和数值实现中，还是其他的应用，随机算法带来的最显而易见的好处是减小了算法的时间复杂度，加快了算法的运行速度。例如，当随机算法运用到某个应用时，可以产生更易于分析和更为合理的简单算法，它可以是算法生成可解释的输出，这不仅对于分析时间复杂度有意义，还可能隐含地产生更规则、更稳定的输出。随机算法和经典的数值方法相比，可以更好地利用现代的计算架构。近年来，一些随机算法使矩阵计算更具可扩展性。

大多数研究文献[61-62]关注应用于线性最小二乘问题以及低秩矩阵近似问题的随机采样算法和随机投影算法。这两个算法是理论的根本，并且在实践中也是无处不在的。随机方法通过构造和操作矩阵 A 的随机近似矩阵来解决这类问题。随机矩阵算法是使用随机采样和随机投影来加速计算的线性代数问题的近似算法。随机近似矩阵由矩阵 A 的少数行或者列的线性组合构成，或者由随机投影算法产生。与传统的经典算法相比，随机算法可以带来更快的运行速度，并且可以更好地适应现代的计算架构，如在并行或者分布式环境中运行。

随机投影算法最近被证明能够有效地解决线性代数中的许多标准问题[63-64]，并且能够以更大的规模进行计算。新算法的设计自下而上，在通信费用成为主要限制的现代计算环境中表现良好。在极端情况下，算法甚至可以在矩阵完全不存储的流媒体环境中工作，并且每个元素只能看到一次。本章描述了一组快速构建矩阵的低秩近似的随机化技术。算法以模块化框架呈现，首先通过随机采样计算矩阵范围的近似值。其次，将矩阵投影到近似范围，并且通过经典确定性方法的变化来计算得到的低秩矩阵的分解（SVD、QR、LU等），提供了理论性能界限。特别要注意，非常大规模的计算，其中矩阵不在单个工作站的内存中。算法开发的原始矩阵必须存储在内存外，但在内存中保留原始矩阵的低阶近似矩阵。此外，本章提出了一种计算低秩奇异值分解的分布式化随机方案。通过在近似分解中对随机采样阶段和因子的处理进行并行化和分布处理，该方法需要每个节点的存储量与输入矩阵的两个维度无关。最后，我们直接比较了随机算法的性能和准确性与经典的 Lanczos 方法在极大的稀疏矩阵上的关系，并证实了随机方法在这种环境下更加优越的说法。

基于随机方案的技术最近已经证明能够比传统技术更有效地解决线性代数中的许多标准问题。本章描述了一组这样的随机化技术，用于快速构造矩阵的低秩逼近。所提出的工作的主要焦点是开发数值线性代数的方法，这些方法在现代计算环境中表现良好，使浮点运算计算代价变得越来越低，并且网络通信成本正在成为真正的瓶颈。与经典确定性方法相比，随机化方法可以显著减少完成计算所需的网络传输量。因此，随机化可以被看作一种需要开发的计算资源，以便产生"更好的"算法。也许，在最坏的渐近理论或数值实现中，更好的感觉可能是更快的运行时间。在以往的研究中这两种方法都可以实现。但另一种更好的感觉是，该算法更有用或更易于使用。例如，它可能导致更多的可解释性。在许多数据分析应用程序中，输出是很有趣的，而不仅仅是计算时间。当然，还有其他更好的意义。例如，使用随机化和近似计算可以隐式地导致正则化和更健壮的输出。随机算法越来越受到算法研究人员的欢迎，因为它能比传统算法更快速地执行大规模矩阵计算。

3.1.2 奇异值分解

几十年来，矩阵的奇异值分解（SVD）一直是各种理论研究和实际应用中的重要工具[65-67]。奇异值分解已经在数值线性代数、统计学、数据分析、物理科学、计算机科学和工程等领域得到了研究。它应用于机器学习、金融、信号处理、信息压缩和医学等领域。在本章中，我们关注矩阵的低秩奇异值分解，而不是完全奇异值分解，这在绝大部分的情况下都是适用的。

虽然对于像方阵这种规则的矩阵，可以有很多分解的方法提取矩阵的特征，但是现实应用中更多存在的是非方阵，那么如何描述这样普遍矩阵的重要特征呢？奇异值分解恰好可以用来解决这样的问题。任意的矩阵都能够使用奇异值分解进行分解。假设 A 矩阵是一个 $m \times n$ 的矩阵，U 矩阵是一个 $m \times m$ 的方阵，其中的向量是正交的，称为左奇异向量，Σ 是由奇异值组成的一个 $m \times n$ 的对角线矩阵，并且奇异值是从大到小排列的，V^T 也是一个正交的 $n \times n$ 的矩阵，称为右奇异向量。可以将奇异值分解表示为

$$A_{m \times n} = U_{m \times m} \Sigma_{m \times n} V_{n \times n}^T \tag{3.1}$$

式（3.1）是矩阵奇异值满秩分解[68]，它不舍弃矩阵的一个奇异值，然后进行满秩分解，这样的好处是对于原矩阵分解为三个矩阵后几乎不会丢失信息。可以通过将分解过后的矩阵相乘得到原矩阵。这样可以对矩阵进行分开存储和压缩等一些其他处理。矩阵奇异值满秩分解如图 3.1 所示。

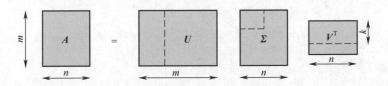

图 3.1　矩阵奇异值满秩分解

矩阵中隐藏的重要信息通常是由奇异值来表示，并且奇异值的大小决定了这个信息的重要程度，奇异值越大，其越重要。表示矩阵奇异值 σ 属性的矩阵 Σ 中的奇异值是按从大到小排列的，并且奇异值衰减非常迅速。往往很多情况下，全部的奇异值之和的 99% 可以用奇异值的前 10% 甚至 1% 的和表示。

$$A_{m \times n} = U_{m \times k} \Sigma_{k \times k} V_{k \times n}^{\mathrm{T}} \qquad (3.2)$$

因为矩阵的奇异值衰减得特别快,所以可以用前 k 个奇异值来近似代替矩阵的满秩分解。矩阵的低秩奇异值分解不仅可以加快矩阵的分解速度,还可以减少矩阵的存储空间。在图 3.2 中,可以更直观地看出低秩奇异值分解带来的好处:不仅能够减少矩阵分解所需的时间,还能降低矩阵分解后的存储空间,这样就可以使用奇异值分解进行数据压缩。

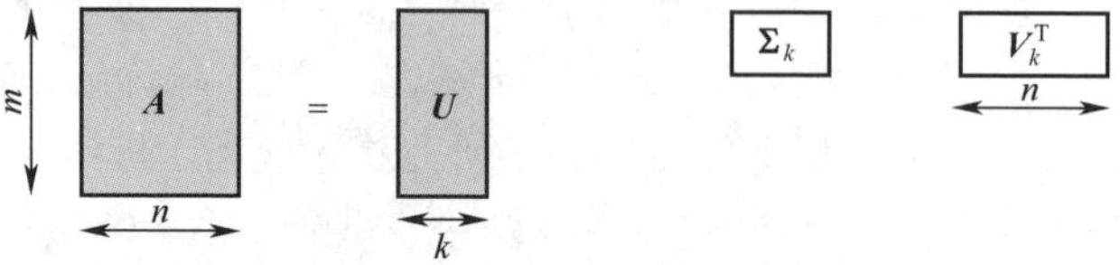

图 3.2 低秩奇异值分解

设实数矩阵 A 的维度为 $m \times n$,则存在一个维度为 $m \times m$ 的列正交矩阵 U 和一个维度为 $n \times n$ 的列正交矩阵 V ,使

$$A = U \begin{bmatrix} \Sigma & 0 \\ 0 & 0 \end{bmatrix} V^{\mathrm{T}} \qquad (3.3)$$

成立。其中 $\Sigma = \mathrm{diag}(\sigma_0, \sigma_1, \cdots, \sigma_p)(p \leqslant \min(m, n) - 1)$ 且 $\sigma_0 \geqslant \sigma_1 \geqslant \cdots \geqslant \sigma_p > 0$。

式(3.3)称为对实数矩阵 A 进行的奇异值分解, $\sigma_i(i = 0, 1, \cdots, p)$ 称为实数矩阵 A 的奇异值。一般对实数矩阵 $A \in \boldsymbol{R}^{m \times n}$ 来说,可以利用 Household 变换和 QR 分解进行奇异值分解,奇异值分解的过程可以分为以下两步。

第一步,利用 Household 变换将矩阵 A 约化为双对角矩阵。即

$$B = \tilde{U}^{\mathrm{T}} A \tilde{V} = \begin{bmatrix} s_0 & e_0 & & & \\ & s_1 & e_1 & 0 & \\ & & \ddots & \ddots & \\ & 0 & & s_{p-1} & e_{p-1} \\ & & & & s_p \end{bmatrix} \qquad (3.4)$$

其中

$$\tilde{U} = U_0 U_1 \cdots U_{k-1}, \ k = \min(n, \ m - 1) \qquad (3.5)$$

$$\tilde{V} = V_0 V_1 \cdots V_{l-1}, \ l = \min(m, \ n - 2) \qquad (3.6)$$

对于分解后的矩阵 $\tilde{U}$ 中的每一个变换 $U_j(j = 0, 1, \cdots, k-1)$,将 A 矩阵变为上三角矩阵,即将主对角线下的元素都变为 0;而对于分解后的矩阵 $\tilde{V}$ 中

的每一个变换 $V_j(j = 0, 1, \cdots, l - 1)$，将 A 变为下三角矩阵，即将对角线右边的矩阵中的元素都变为 0。

对于每一个变换 V_j 具有如下形式：$I - \rho V_j V_j^{\mathrm{T}}$。为减少计算过程中发生溢出现象和累积误差，需要设置一个比例因子 ρ，其中 V_j 是一个列向量，即

$$V_j = (v_0, v_1, \cdots, v_{n-1})^{\mathrm{T}} \tag{3.7}$$

则

$$AV_j = A - \rho AV_j V_j^{\mathrm{T}} = A - WV_j^{\mathrm{T}} \tag{3.8}$$

其中

$$W = \rho AV_j = \rho \left(\sum_{i=0}^{n-1} v_i a_{0i}, \sum_{i=0}^{n-1} v_i a_{1i}, \cdots, \sum_{i=0}^{n-1} v_i a_{m-1, i}, \right)^{\mathrm{T}} \tag{3.9}$$

第二步，使用 QR 算法的变种形式计算奇异值，用列旋转的方式求得对角矩阵，即将双对角矩阵转换成对角矩阵。

用下面的公式进行每一次迭代：

$$B' = U_{p-1, p}^{\mathrm{T}} \cdots U_{12}^{\mathrm{T}} U_{01}^{\mathrm{T}} V_{01} V_{02} \cdots V_{m-2, m-1} \tag{3.10}$$

对于公式 $U_{j, j+1}^{\mathrm{T}}$，它的主要作用是将矩阵 $\boldsymbol{B}$ 的非主对角线的非零元素转化为零元素；而公式 $V_{j, j+1}$ 的主要作用是将次对角线的非零元素转化为零元素。这样经过一次迭代之后，$\boldsymbol{B}'$ 仍为双对角线矩阵。而随着迭代次数的增加，矩阵最后转化为对角矩阵，即为奇异值矩阵。可以看出上面这些步骤即为求奇异值的步骤，求得奇异值之后，根据奇异值可以求出左奇异值向量和右奇异值向量。

下面是计算位移值 u 的步骤，可以看出计算位移值需要进行多次迭代，在每次迭代变换中，都需要计算位移值。

$$b = \left[(s_{p-1} + s_p)(s_{p-1} - s_p) + e_{p-1}^2 \right] / 2 \tag{3.11}$$

$$c = (s_p e_{p-1})^2 \tag{3.12}$$

$$d = \mathrm{sign}(b) \sqrt{b^2 + c} \tag{3.13}$$

$$u = s_p^2 - c/(b + d) \tag{3.14}$$

求出的奇异值需要按照依次递减的方式排列。

在上述变换过程中，在某种情况下可以认为 e_j 为 0，即当次对角线 e_j 满足 $|e_j| \leqslant \varepsilon(|s_{j+1}| + |s_j|)$ 这种情况下。

若对角线元素 s_j 满足 $|s_j| \leqslant \varepsilon(|e_{j+1}| + |e_j|)$，则可认为 s_j 为 0（即为零奇异值），其中 ε 为给定的精度要求。

综上所述，随机算法用于计算在各种应用中出现的矩阵的近似秩为 k 的奇异值分解。这些算法的主要思想是：将矩阵随机投影到低维子空间；计算该随机子空间中的奇异值分解；将该子空间奇异值分解映射回原始的高维空间。如

果随机映射可以捕获大部分关于最大奇异值和奇异向量的信息，则这些算法可以获得令人满意的近似低秩奇异值分解结果。

■ 3.1.3　矩阵分解在推荐系统中的应用

在维基百科中是这样定义推荐系统的：一种信息过滤系统，用于预测用户对物品的"评分"或"偏好"。推荐系统中的三种主要算法包括矩阵分解推荐算法、邻域算法和内容过滤算法，这三种算法各有各的好处。但是相比另外两种算法，矩阵分解推荐算法推荐更精准，推荐结果更丰富，更好地考虑到了用户和物品之间的潜在联系，但是矩阵分解推荐算法也不是完美无缺的，它作为协同过滤推荐算法的一种，也不可避免地会遇到"冷启动"问题。然而，矩阵分解推荐算法不仅可以融合一些其他的主流推荐算法，还可以让设计者更好地从多方面考虑，从而完善整个推荐系统，做到精确推荐，使推荐系统比用户更能了解自己。当今学界有很多教授和研究人员前赴后继地投入到推荐系统的研究中，他们致力于开发推荐算法，提高推荐准确率，并完善推荐系统的解释功能。

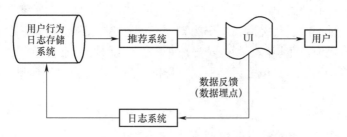

图 3.3　推荐系统的基本推荐流程

协同过滤中的矩阵分解思想来自信息检索领域（*Information Retrieval*）中的隐语义分析（*Latent Semantic Analysis*）。在现实应用中，"用户–物品"评分矩阵是购物网站中常用的模型。而矩阵分解算法[69-71]就是用在"用户–物品"评分矩阵上的，"用户–物品"评分矩阵是用户对于购买过的物品的评价，然后对于那些没有购买过的物品的评分，不能用零表示，因为奇异值分解对于稀疏矩阵的效果是不如稠密矩阵的。然后，将"用户–物品"评分矩阵通过矩阵分解的方式简化为两个低维的矩阵：一个用来表示用户的特征；另一个用来表示物品的特征。最后通过这两个特征矩阵内积的方式，重组用户对未评价物品的打分。但是，在实际应用中一般不使用数学上定义的矩阵分解公式，尽管那样的矩阵分解具有高精度，但分解速度实在是低，无法应用在实际生产中。本章在传统的矩阵分解方法中加入了随机矩阵方法，可以大大提高矩阵的分解速度。协作过滤是推荐系统中流行的方法，其分析用户与任意类型项目之间的历史交互。基于历史数据中发现的模式，协同过滤算法向用户推荐新的、潜在的高优先项目。假设 A 是一个 $m \times n$ 矩阵，它保存着用户矩阵 m 对物品矩阵 n 的所有感兴趣的程度值。如果用户 i 对于物品 j 感兴趣，则 $a_{i,\,j}$ 保存的数值代表感兴趣的程度值。

矩阵分解是构建隐语义模型的主要方法，企业通过收集到的用户的过往购物信息构建"用户–物品"评分矩阵。通过对"用户–物品"评分矩阵进行矩阵分解，分别获得用户隐向量矩阵和物品隐向量矩阵。分解示意图如图 3.4 所示。

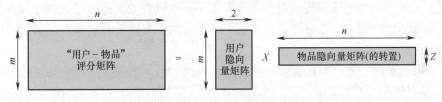

图 3.4　分解示意图

在得到用户隐向量和物品隐向量（均是二维向量）之后，可以将每个用户和项目对应的二维隐向量作为坐标，并将其绘制在坐标轴上。因为隐向量是无法直观理解的，所以需要赋予它一些特定的含义，来帮助我们理解这种推荐结果。

矩阵分解推荐算法的优点是可以包含多种特征信息，这种多样的特征信息，允许推荐系统设计者从多方面、多角度、多维度看待推荐结果。矩阵分解推荐算法的这种优点可以弥补用户与物品之间联系信息的缺少问题。它具有以下优点：比较容易编程实现；比较低的时间和空间复杂度；预测的精度比较高；非常好的扩展性。

在推荐系统中，矩阵分解首选奇异值分解。前面介绍了奇异值分解的原理和步骤，并对奇异值分解的原理作了总结。此时可以将这个"用户–物品"对应的 $m \times n$ 矩阵进行奇异值分解，并通过选择部分较大的奇异值同时进行降维，也就是说，矩阵 A 此时分解为

$$A_{m \times n} = U_{m \times k} \Sigma_{k \times k} V_{k \times n}^{\mathrm{T}} \tag{3.15}$$

这里的奇异值分解过程是结合了推荐算法的特殊实现，其中的 k 是矩阵的前 k 个奇异值，这个 k 值一般会远小于推荐系统中的用户或物品数。奇异值分解用于预测某个用户对某个物品的打分，即计算 $U_i^{\mathrm{T}} \Sigma V_j$ 即可，接下来，得到用户对物品打分的一个评分表，推荐系统只需将较大的几个评分物品推荐给此

用户即可。然后对评分进行排序，找到最高的几个评分推荐给用户。

可以看出这种方法简单直接，但是将传统奇异值分解在推荐算法上使用还是很有难度的。因为用户和物品一般都是规模巨大的，可以轻松达到成千上万的规模。面对这样大规模的矩阵，奇异值分解是非常耗时的。

3.1.4 分布式矩阵分解

随着互联网行业的飞快发展，无论是电子商务还是互联网有关的事物，产生的数据规模都是巨大的。无论是商品推荐还是搜索引擎，所要处理的"用户-物品"的矩阵规模都是极其庞大的，这时传统的数据处理方式就变得不适用了，基于庞大的数据集，业界学者提出了很多优秀的推荐算法，这些算法有对传统算法的改进，也有开创性的提出，但是大部分的推荐算法都是基于矩阵分解运算的。

因为传统的矩阵乘法运算不擅长处理稀疏矩阵，所以要改进传统算法，根据矩阵的可分块特性，出现了基于分块矩阵的算法。通过将矩阵分块处理以解决单台计算机的内存限制问题。如图 3.5 所示，可以将矩阵 A 进行横向分块，与纵向分块的矩阵 B 相乘，这些计算就可以通过 MapReduce 编程模型并行执行[72][73]。

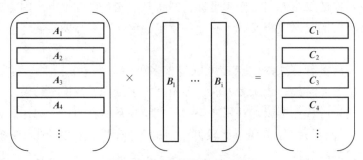

图 3.5 矩阵分块乘法示意图

图中 $A_1 \times B_1 = C_1$，$A_2 \times B_2 = C_2$，…，通过 MapReduce 编程模型将每部分计算分别在不同的计算节点完成，最后将结果组合在一起。还有一种最糟糕的事情就是矩阵 A 和矩阵 B 的规模都是巨大的（横向和纵向都很大），即使按照行或列进行分块，单台计算机也无法一次性将结果装载在内存中，那么此时上文中提到的分块方式就变得不起作用了，需要提出一种新的分块方式，如图 3.6 所示。

矩阵规模有一定限制，如果矩阵 A 或矩阵 B 有一个是大规模的，就会出现这种情况：矩阵 A 的一行或矩阵 B 的一列占用内存太大，以至于单台服务

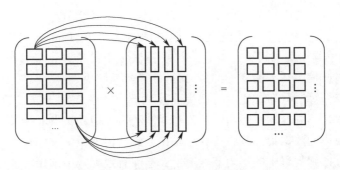

图 3.6　矩阵按行/列乘法示意图

器节点无法一次性将其装入内存中。将矩阵 **A** 和矩阵 **B** 同时按行和按列分块，分块的大小取决于单台计算机的内存限制，这时矩阵的块进行相乘由不同的计算节点单独完成。

图 3.7 展示了一种矩阵分布式分解架构图[74-75]，使用 MapReduce 编程模型，将矩阵以分块的形式分别在不同的节点上进行处理。这样的做法对算法的

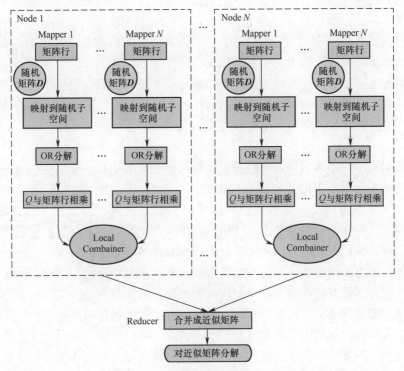

图 3.7　矩阵分布式分解架构图

要求更高了，如要考虑如何分块、如何分配任务到各个节点上、如何进行网络负载均衡等这些问题。然而这些问题的大部分都由 Hadoop 分布式平台和 MapReduce 编程模型来解决。本章只注重算法细节的描述，具体的矩阵分块、节点的网络通信、任务的分配都由 Hadoop 平台来解决。

将传统的算法分布式化，可以提高算法效率，然而对于数据量小的情况，分布式算法是不划算的，因为运行分布式算法需要启动集群和相关的服务。但是对于大规模的数据集，分布式算法相比以前的传统矩阵分解算法，把单机计算的时间分摊到集群中的不同节点上了，继而有效地减少了矩阵的分解时间。

3.2　基于 Count Sketch 算法的随机奇异值分解

随机算法是一项重要的技术，并运用在各种领域中，如计算机科学、统计学等。由于随机算法有简单和快速的优势，通常会将它与具有高时间复杂度的算法结合起来，从而大大地提高算法的运行速度。奇异值分解算法是矩阵分解算法中的一个基本且重要的算法。它能运用在多个领域，并且有不错的分解效果。然而，对于一个 $m \times n$ 的矩阵，它的奇异值分解时间复杂度为 $O(mn^2)$，对于大型矩阵来说，用奇异值进行矩阵分解几乎是无法忍受的。本章用随机算法来加速奇异值分解，可以大大提高矩阵分解速度。随后，将随机奇异值分解分布式化，从而进一步提高矩阵分解效率。

■ 3.2.1　Count Sketch 算法简介

数据流中最基本的问题是查找流中最频繁发生的项目。我们在这里假设流应该足够大，以至于内存密集型解决方案（如排序流或为每个不同元素保留计数器）是不可行的，并且我们可以承担只能对数据进行一次传递的情况。这个问题出现在搜索引擎的上下文中，其中所讨论的流是发送给搜索引擎的查询流，并且我们有兴趣找到在某个时间段内处理的最频繁的查询。已经提出了各种各样的启发式方法，这些方法都涉及采样、散列和计数的组合。然而，这些解决方案都没有清晰的空间来制作最常见项目的大致列表。实际上，理论保证可用的唯一算法是直接采样算法，其中保存了统一的随机数据样本。对于这种算法，空间限制取决于数据流中项目频率的分布。Count Sketch 算法的主要贡献是其空间要求具有良好的理论界限，同时也胜过大范围常见分布的朴素抽样方法。Count Sketch 是一组有效的数据结构，可以用来估计与数据集的频率相关的属性值。例如，估计特定元素的出现频率，找到最高频繁出现的 k 个元素，执行范围查询（目标是查找某个范围内元素的频率总和），估计元素出现次数的百分占比等一些问题。

Count Sketch 是一种概率数据结构[76]，是 Moses Charikar 等提出来的，这种数据结构最早出现是为了解决以下问题：当从可重复数据流 a_1，a_2，a_3，$\cdots$，a_n 中读取数据元素时，在任何时候都可以计算出任意一个元素 a_i 出现的次数。Count Sketch 可以明确地获得一个确切的值，只需维护键是 a_i，而值是到目前为止见过的元素数量的这样散列。最快能在 $O(1)$ 的时间内找到一个确切的计数。它唯一的问题是需要 $O(n)$ 空间，其中 n 是不同元素的数量。值得注意的是，每个元素的大小有很大的差异，因为它需要更多空间来存储这个大字符串作为关键字。

下面简单介绍 Count Sketch 的定义：令 $S = q_1$，q_2，$\cdots$，q_n 是一个数据流，对于每个 $q_i \in O = \{o_1$，o_2，$\cdots$，$o_m\}$，让对象 o_i 在数据流 S 中出现 n_i 次，并维持顺序为 o_i 使 $n_1 \geq n_2 \geq \cdots \geq n_m$。最终，得到数据项出现的次数为 $f_i = n_i / n$。

3.2.2　Count Sketch 算法改进

在此之前，Count Sketch 算法是为了解决在数据流中查找频繁项目这类问题的。后来 Count Sketch 算法用于加速矩阵计算。Count Sketch 既是一种算法，也是一种概率数据结构。概率数据结构具有以下优点：仅使用少量的内存（可以人为控制多少）；可以很容易地并行化（因为哈希值是独立的、不相关的）；有恒定的查询时间。

Count Sketch 是如何运用到加速奇异值分解中的[77-79]呢？与所有概率数据结构一样，Count Sketch 也牺牲了一定的空间，以减少矩阵近似所需的时间。Count Sketch 需要确定两个参数：离散值的取值范围和结果的准确度。要做到这一点，需要选择一对独立的散列函数。这些复杂的词语意味着它们不会经常发生碰撞（事实上，如果两者都将映射值映射到空间 $[0, m]$ 上，碰撞概率约为 $1/m^2$）。这些散列函数中的每一个函数都将这些值映射到一个范围：$[0, w]$。所以就创建了一个 $d \times w$ 的矩阵，这个矩阵就是原矩阵的近似矩阵。现在，当读取元素时，可以计算该元素的每个哈希值并更新到近似矩阵中的相应值。通过增加哈希值的取值范围，可以增加结果的准确性，如图 3.8 所示。

本章将 Count Sketch 运用于对矩阵进行随机抽样，假设有个固定矩阵 $A \in R^{m \times n}$ 和抽样规模 s，首先将矩阵的每列用离散值散列，这些离散值可以从均匀分布 $\{1, 2, \cdots, s\}$ 中抽样，然后从 $\{+1, -1\}$ 均匀分布中随机地标记每列，最后将具有相同 hash 值的列求和，就得到了 $m \times s$ 的矩阵 $C = AS$。Count Sketch

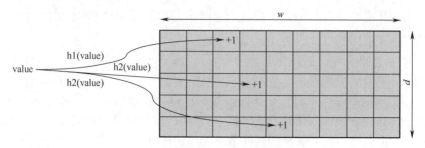

图 3.8 改进 Count Sketch 算法示意图

算法的特性使其适合使用 MapReduce 编程模型实现，具体实现算法伪代码如表 3.1 所示。

表 3.1 Count Sketch 算法伪代码

算法 3.1 Count Sketch 算法

输入：$A \in R^{m \times n}$

begin

　　将矩阵 C 初始化一个 $n \times r$ 的元素全为 0 的矩阵

　　for $i = 1$ to n

　　　　从 $[1, 2, \ldots, s]$ 均匀分布中随机采样元素 l；

　　　　从 $\{+1, -1\}$ 均匀分布中随机采样元素 g；

　　　　更新矩阵 C 中的第 l 列：$c_{:,l} \leftarrow c_{:,l} + ga_{:,i}$；

　　end for

end

输出：$C \in R^{m \times s}$

■ 3.2.3 基于 Count Sketch 算法的随机奇异值分解

随机奇异值分解主要在两个操作中加入了随机方案：矩阵乘法 $Y = A \times \Omega$ 和将矩阵 Y 正交化形成投影矩阵 Q。因为矩阵 Y 的规模太大难以适应单台机器的内存，所以将这两个阶段的操作进行并行化和分布式化是有必要的，这样可以大大减少大规模数据集的计算时间。输入矩阵 A 被按行分成块，每个块由一个 MapReduce 编程模型中的一个 Map 任务处理。这样就可以将矩阵 A 的行与随机矩阵 Ω 计算外积得到矩阵 Y，如下式所示：

$$Y(i, :) = \Sigma_j A(i, j) . \Omega(j, :) \tag{3.16}$$

每个任务生成矩阵 Y 的行块。在这个过程中，每个任务需要一个矩阵 Ω 的副

本来产生矩阵 Y。可以使用随机方案产生随机矩阵 $\varOmega$ 中的记录。式（3.16）可以只在 Map 阶段完成，而不需要将 Map 阶段的输出结果再交给 Reduce 阶段来处理。

矩阵 Y 正交化产生投影矩阵 Q，即将矩阵 Y 进行 QR 分解[80]。Givens 变换是 QR 分解中的一个解法，Givens 变换适用于分布式计算，通过在小规模操作中将记录逐个归零，允许 Givens 变换一次只影响矩阵的两行或者两列。

$$
G_{\mathrm{seq}}^{\mathrm{T}}
\begin{bmatrix}
R_1 \\
R_2 \\
\vdots
\end{bmatrix}
=
\begin{bmatrix}
R \\
0 \\
\vdots
\end{bmatrix}
\tag{3.17}
$$

当应用于矩阵 Y 的块分解时，将形成全分解 $QR=Y$ 的块。块分解的计算和最终分解的块是并行执行的。

为了加快产生矩阵 Y，本章加入了随机方案 Count Sketch 算法来加快矩阵奇异值分解的速度。将 Count Sketch 分布式实现[81-82]需要结合算法本身的特性，Count Sketch 算法适用 MapReduce 编程模型。考虑到 Count Sketch 算法的复杂性，需要将算法分布式化为两个阶段的 MapReduce 过程，即要安排两个 Job 分两个阶段完成。接下来分别介绍这两个阶段要完成的内容。

第一个 Job 要完成的目标是将矩阵的元素拆分为键/值对的形式，对于矩阵中的每一个数据元素，可以将它封装为 (i, j, val)。其中，i 为原始矩阵中的行数；j 为原始矩阵中的列数；val 为矩阵中对应的元素。接收上式的数据形式作为 Map 函数的输入数据，Map 函数对输入数据进行了以下处理。

（1）接收到矩阵中输入的元素 val。

（2）用 $\{1, 2, \cdots, s\}$ 分布生成哈希值 s，作为输出键/值对中 value 的一部分。

（3）以 50% 的概率把矩阵中的列标识为 +1 或 −1，并乘以列中的原始 val。

（4）将以上步骤产生的值组合成新的键/值对。

在这个过程中还需将每个列生成哈希值，并用哈希值标记矩阵中元素作为 Reduce 函数的输出键/值对，键/值对表示为 $< j, (s, i, \mathrm{val}) >$。以 j 作为 key，(s, i, val) 作为 value；i 为原始矩阵的行数，j 为原始矩阵的列数，s 为生成的哈希值，val 为矩阵元素；Reduce 阶段接收 Map 阶段生成的键/值对，然后将 key 相同的键/值对归并，生成如下形式的键/值对：$< s, (\mathrm{vec}) >$。以哈希值 s 作为 key，(vec) 作为 value；vec 为归并后的矩阵列，vec 中的元素顺序要和原矩阵的存放顺序一致。基于 Count Sketch 的随机方案流程图如图 3-9 所示。

第二个 Job 要完成的目标就是用第一个 Job 产生的键/值对将相同哈希值 s 归并，即将相同 s 值的矩阵列相加，并产生新的近似矩阵存放到 Hadoop 分布式存储系统中。

经过上面这些步骤的处理，Count Sketch 算法已经被分布式化了，它适用于分布式环境中。

■ 3.2.4 实验结果分析

本小节通过设计实验来分析和验证提出算法的正确性。实验运行在分布式环境下，Hadoop 是一个分布式基础架构，它的核心是 HDFS 和 MapReduce，HDFS 是这个架构中的分布式文件系统，为海量的数据提供了存储。MapReduce 是一种分布式编程模型，它基于 HDFS 分布式文件系统，将处理流程简化为两个函数操作：Map 和 Reduce，大大减轻了编程人员的工作。

Mahout 是基于 MapReduce 计算框架的机器学习库，用于分布式

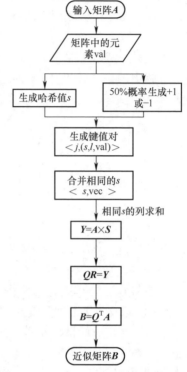

图 3.9　基于 Count Sketch 的随机方案流程

算法的实现。这三种软件是本章实验的基础架构部分，所有的实验都是在此架构上进行的。本章的改进基于以上实验环境进行，在原有算法的基础之上进行改进，能提高算法的运行效率。

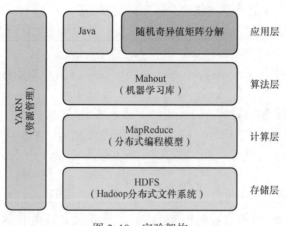

图 3.10　实验架构

1. 实验环境

本章的实验采用最近流行的 Hadoop 分布式框架平台，因为实验是在分布式环境中进行的，所以采用如下机器的硬件配置信息。考虑到现有实验条件的限制，本实验将 HDFS 构建在由 4 个节点构成的分布式平台。在这由 4 个节点中，将 1 个节点作为 master，管理整个集群，其余 3 个节点作为子节点 slaver，用于存储和执行任务。本章进行实验的硬件配置详细信息和软件详细信息如表 3.2 和表 3.3 所示。

表 3.2　硬件配置详细信息

硬件	型号	规格
处理器	Intel（R）Celeron（R）CPU G1620	2.70 GHz
内存	海力士 DDR3 1600MHz	2 GB
主板	方正 H61H2-AM3	英特尔
硬盘	希捷 ST500DM002-1BD142	20 GB（7200 转/每分钟）
网卡	瑞昱	RTL8168/8111/8112

表 3.3　软件详细信息

操作系统	CentOS 7.0
Hadoop	Hadoop-2.7.1
Java 环境	jdk-7u79-linux-x64
Mahout	apache-mahout-distribution-0.11.1
Eclipse	eclipse-jee-mars-1-win32-x86_64

2. 软件安装及配置

Hadoop 的安装环境是 Linux 系统，与 Windows 操作系统相比，它更稳定、具有高可配置性等一系列优点，所以选择 Linux 发行版 CentOS 作为操作系统。因为 Hadoop 是使用 Java 编程语言实现的，因此需要安装 Java 环境，这里选择的 Java 版本为 jdk-7u79-linux-x64。将 jdk 压缩包解压到系统中，并配置环境变量即可。由于实验是在分布式环境下进行的，集群中有 4 个节点，每个节点的 IP 地址设置在同一网段下，见表 3.3。

3. 实验结果分析

奇异值分解是矩阵分解中的常用方法，但是它通过对元素矩阵的分解，可以有效地将原始高维数据映射到低维空间。如上文所述，奇异值分解是一种计算代价很高的矩阵分解，它的计算时间复杂度为 $O(n^3)$，当矩阵规模不大时，分解时间还是能够接受的，但是当矩阵的规模增长时，所带来的计算代价将是立方级的增长，如表3.5所示。

表 3.4   实验集群 IP 地址

主机名	IP 地址
master	192. 168. 146. 140
slaver01	192. 168. 146. 137
slaver02	192. 168. 146. 138
slaver03	192. 168. 146. 139

表 3.5   奇异值分解时间

矩阵规模	500×500	1000×1000	1500×1500	2000×2000
大小	976 KB	3. 81 MB	8. 58 MB	15. 2 MB
花费时间/ms	5735	104752	421029	1033080

为了更直观地展示矩阵规模增长与带来的分解时间增长之间的关系，下面通过实验对每个矩阵都进行 10 次奇异值分解，记录下每次分解的时间，取 10 次时间的平均值，这样可以降低实验带来的不可避免的误差。如图 3.11 所示，通过曲线可以一目了然地看出奇异值分解的时间复杂度。

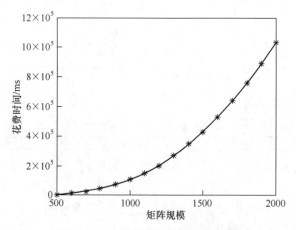

图 3.11   奇异值分解的时间复杂度

为了评价矩阵分解 $A \approx U_{m \times k} \sum_{k \times k} V_{k \times n}^{\mathrm{T}}$ 的准确性，首先需要定义一个评价函数来评价矩阵近似的质量。一种最简单的评价函数是根据两个矩阵的欧几里得距离的平方来判断矩阵近似的好坏[83]。

$$\|A - B\|^2 = \Sigma_{ij} (A_{ij} - B_{ij})^2 \qquad (3.18)$$

值越小代表矩阵越近似，当值为 0 时，表示 $A = B$。另一种衡量结果好坏的方式是，对于原始矩阵 A 和它的近似矩阵 $\tilde{A}$，它们的相对近似误差可以定义如下[84-85]：

$$err = \|A - \tilde{A}\| / \|A\| \qquad (3.19)$$

通过分析实验数据可以得到上面提到的相对近似误差，见表 3.6 所示。

表 3.6　奇异值分解误差

矩阵规模	500×500	1000×1000	1500×1500	2000×2000
大小	976 KB	3.81 MB	8.58 MB	15.2 MB
误差范围	$2.9724×10^{-18}$	$5.5964×10^{-18}$	$8.2819×10^{-22}$	$5.7618×10^{-19}$

可以从图 3.12 和图 3.13 看到更直观的结果，图中表明奇异值分解的误差非常小，几乎可以忽略不计。

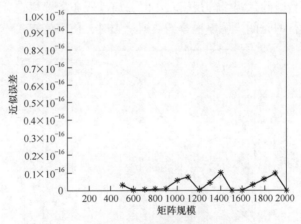

图 3.12　奇异值分解误差

从图 3.13 可以看到，当矩阵规模小时，矩阵的奇异值分解速度快于基于 Count Sketch 算法的随机奇异值分解；当矩阵规模达到某一个临界点时，基于 Count Sketch 算法的随机奇异值分解速度开始领先于奇异值分解，并在后面一直处于领先状态。

出现这种情况有多方面的原因。如图 3.14 所示，这个结果说明，到了某个临界点后，基于 Count Sketch 算法的随机奇异值分解快于矩阵的奇异值分解，并在此之后一直领先。在临界点之前，矩阵的奇异值分解是快于后者的，

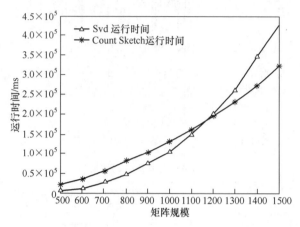

图 3.13　奇异值分解与基于 Count Sketch 算法的随机奇异值分解时间对比

因为 Hadoop 是一个系统，它包括了很多组件，也包括了很多的服务，在 Hadoop 分布式环境中运行程序，需要多方面协调、分配资源、分配任务等，这些都需要耗费时间。当矩阵规模较小时，启动服务和读写磁盘所花的时间远远高于程序执行的时间。所以推荐当数据量大时，使用分布式环境运行程序。

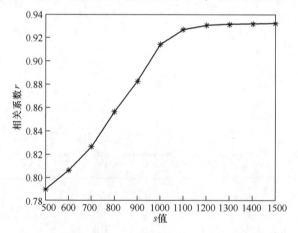

图 3.14　基于 Count Sketch 算法的随机奇异值分解误差

3.3　基于两重随机方案的奇异值分解

大规模矩阵的奇异值分解是数据分析和科学计算中的关键工具。矩阵规模的快速增长进一步增加了研究高效的大规模奇异值分解算法的需求。前面已经研究并分析了基于 Count Sketch 算法的单次随机方案的随机奇异值分解，并且已经证明用于加速大规模矩阵的奇异值分解是效果显著的。本章中提出了一种基于多个随机方案的集成随机奇异值分解算法，而不是继续研究不同的单个随机方案技术。基于多个随机方案的集成随机奇异值分解算法采用两个或者两个以上的随机方案，然后整合从多个随机子空间获得的结果。因此，基于多个随机方案的集成随机奇异值分解算法可以实现更高的精度和更低的随机变化。

3.3.1　随机高斯矩阵投影

对随机矩阵的研究，特别是随机矩阵的特征值的性质，已经在数据分析和重核原子的统计模型中出现了。因此，随机矩阵的发展归功于实际应用。多年以来，与随机矩阵有关的模型在纯数学领域中发挥着重要作用，而且随机矩阵研究[86-88]中使用的工具来自不同的学科，如数学分支。

对于 $m \times n$ 的矩阵 A，需要产生 $n \times (k + P)$ 的随机高斯矩阵 Ω，高斯矩阵 Ω 中的元素独立同分布从期望为 0、方差为 1 的高斯分布产生的。通常，为了使矩阵分解的精度更高，需要添加一个抽样参数 p，p 的取值大小一般取决于矩阵的规模，矩阵的奇异值衰减得越快，所需的抽样参数 P 就越小。将抽样参数 p 维持在一个较小值是明智的做法，而且较小的抽样参数带来的额外的计算代价是微不足道的。随机高斯矩阵伪代码见表 3.7。

表 3.7　随机高斯矩阵伪代码

算法 3.2　随机高斯矩阵

输入：$A \in R^{m \times n}$、目标秩 k、重复采样参数 p、近似矩阵的列空间维度 $l = k + p$

begin

　　随机生成维度为 $n \times 1$ 的高斯随机向量 ω_i，$i = 1, 2, \ldots, l$；

　　得到矩阵 $\Omega = \{\omega_1, \omega_2, \ldots, \omega_i\}$，$i = 1, 2, \ldots, l$；

end

输出：随机高斯矩阵 $\Omega \in R^{n \times (k+p)}$

分布式随机奇异值分解可以被概念性地分为两个阶段。假设有一个维度为 $m \times n$ 的实矩阵 A 待分解，k 为想要取得的目标秩，p 为重复抽样参数，增加抽样参数是为了提高算法的执行性能和稳定性。

第一阶段使用随机算法将矩阵 A 映射到一个低维的子空间，可以在高斯分布上随机产生 $k + p$ 个随机向量 ω_1，ω_2，$\cdots$，ω_{k+p}，将这些矩阵单位正交化

组成一个随机矩阵 $\boldsymbol{\Omega}$，然后计算矩阵 $\boldsymbol{A}$ 的随机映射：

$$Y_i = A_i\boldsymbol{\Omega} \tag{3.20}$$

从式（3.20）中得的维度为 $m \times (k + p)$ 的矩阵 $\boldsymbol{Y}$ 就是抽样矩阵，而维度为 $n \times (k + p)$ 的矩阵 $\boldsymbol{A}$ 是随机高斯矩阵。

接着对矩阵 $\boldsymbol{Y}$ 进行 QR 分解，获得自然基：

$$Y = QR \tag{3.21}$$

$\boldsymbol{Q} \in \boldsymbol{R}^{m \times (k+p)}$ 是一个正交矩阵，并且和矩阵 $\boldsymbol{Y}$ 具有相同的列空间。如果目标 k 足够大，那么矩阵 $\boldsymbol{Q}$ 满足下式：

$$\tilde{A} \approx QQ^{\mathrm{T}}A \tag{3.22}$$

第二阶段的主要任务是关注对原始矩阵 $\boldsymbol{A}$ 的压缩矩阵 $\boldsymbol{B}$ 进行奇异值分解。将矩阵 $\boldsymbol{A}$ 投影到低维空间

$$B = Q^{\mathrm{T}}A \tag{3.23}$$

从式（3.23）可以获得相对原始矩阵 $\boldsymbol{A}$ 小得多的矩阵 $\boldsymbol{B} \in \boldsymbol{R}^{(k+p) \times n}$，对这个矩阵进行奇异值分解的代价比之前降低很多。分布式随机奇异值分解算法伪代码如表 3.8 所示。

表 3.8　分布式随机奇异值分解算法伪代码

算法 3.3　分布式随机奇异值分解算法

输入：待分解矩阵 $A \in R^{m \times n}$ 的行（存放在 Hadoop 文件系统中）

begin

　　生成随机矩阵 Ω；

　　Mapper：矩阵 A 的行 A_i；

　　　　将矩阵 A 随机映射到 Ω 上：$Y_i \leftarrow A_i\Omega$；

　　　　对 Y_i 子块矩阵进行 QR 分解得到 Q_i，$R_i \leftarrow \mathrm{qr}\,(Y_i)$；

　　　　for j do：

　　　　　　collect $(j,\ Q_i^{\mathrm{T}}A_i)$；

　　　　end for

　　Reducer：根据上步相同的键值 j；

算法 3.3　分布式随机奇异值分解算法

　　　　for j do：

　　　　　　　将具有相同 j 值的 $Q_i^T A_i$ 合并起来；

　　　　　　　组装成矩阵 B_i；

　　　　　end for

　　　得到近似矩阵 B；

　　　对近似矩阵 B 奇异值分解：$U,\ \Sigma,\ V \leftarrow \mathrm{svd}(B)$；

end

输出：分解矩阵 $U,\ \Sigma,\ V$

　　通过引入小的过采样参数 p，可以降低随机奇异值分解的近似误差。这意味着不是绘制 k 个随机向量，而是生成 $k+p$ 个样本，以增加跨越正确子空间的可能性。小的过采样参数 p（如 $p=5$）通常就足够了。此外，计算 q 次幂迭代可以提高精度。

$$Y = (AA^*)^q A\Omega \tag{3.24}$$

　　奇异值分解的计算复杂度常常是实际大规模应用的瓶颈。针对不同的问题，已经提出和优化了许多用于计算奇异值分解的方法，并利用某些矩阵性质。因此，详细介绍计算成本是困难的。

　　在实践中，随机奇异值分解算法的计算时间也主要由使用的计算平台[89-90]具体实现，以及矩阵是否适合用快速存储器驱动。随机奇异值分解的一个优点是它可以受益于分布式计算。这是因为分布式架构能够快速生成随机数和进行矩阵与矩阵快速乘法。

■3.3.2　集成多个方案的随机奇异值分解

　　在当前的大数据时代，奇异值分解在所有应用中起到的作用仍然鲜明。然而，随着通过模拟、实验、检测和观测等方式生成或收集的数据矩阵的大小持续快速增加，计算大规模矩阵的奇异值分解已成为一项挑战。下面引入了一种新的方法来计算基于多个随机方案的秩为 k 的低阶近似奇异值分解。然后，我们用 3.3.1 小节中介绍的随机高斯矩阵，集成来自多个随机方案的多个子空间信息源[91-92]。提出的算法可以看作蒙特卡罗方法，其通过基于平均的积分过程随机地对许多子空间进行采样。

　　在前面的章节中介绍了随机算法和单个随机方案的随机奇异值分解算法可

以用来寻找大规模矩阵的低秩奇异值分解。这样的算法从原始矩阵 A 中随机地投影或从中采样以获得低维子空间中的近似矩阵，对近似矩阵执行奇异值分解，然后将其映射回原始空间以获得近似的 A 的奇异值分解，该算法伪代码如下。

算法 3.4　基于单个随机方案的随机奇异值分解算法

输入：$A \in R^{m \times n}$、目标秩 k、重复采样参数 p、近似矩阵的列空间维度 $l = k + p$

begin

　　使用随机方案生成 $n \times l$ 随机矩阵 Ω；

　　计算 $Y \leftarrow ((AA^{\mathrm{T}}))^q A\Omega$，用并行的方式；

　　对 Y 进行 QR 分解得到 Q；

　　计算奇异值分解 $Q^{\mathrm{T}}A = \tilde{U}\tilde{\Sigma}\tilde{V}$；

　　计算 $U = Q\tilde{U}$；

end

输出：奇异值分解结果 U, Σ, V

随机奇异值分解算法是使用单个随机方案将原始矩阵 A 映射到低维空间中，为了改进这些基于单个草图的随机化奇异值分解算法，很自然地会想到如何找到更好的随机子空间。但是本章并没有探索不同的单个随机方案对奇异值分解的影响，而是在随机高斯矩阵投影的基础上提出了基于多个随机方案的奇异值分解算法。基于多个随机方案的集成随机奇异值分解算法的主要思想，是将多个随机方案有效地结合起来，然后整合多个相应的低维子空间以形成一个集成子空间，基于这个集成子空间，相应地进行一个秩为 k 的近似奇异值分解。通过采用多个随机方案，期望得到的集成奇异值分解具有更高的准确性和更小的随机变化。另外，可以在并行计算机或者分布式环境上执行多个随机方案以减少执行时间。本章提出的基于两重随机方案的奇异值分解算法是将两种随机方案集成起来，使用多种随机方案。

单个随机方案的随机奇异值分解使用单个随机方案将矩阵 A 映射到低维子空间。通过提出使用多个随机方案的集成随机奇异值分解来扩展随机奇异值分解。除了随机奇异值分解算法中列出的那些输入参数之外，所提出的基于多个随机方案的奇异值分解还需要一个额外的参数：随机方案 N 的数量。与之相应的是，多个随机方案的集成随机奇异值分解输出近似秩为 k 的集成奇异值分解结果。

通过结合多个正交矩阵 $Q_{[i]}$ 来形成最终的证据矩阵 Q。然后通过算法的剩余步骤可以得到近似奇异值分解的结果。值得注意的是，通常可以集成 N 个随机映射方案。本章将随机高斯矩阵与 Count Sketch 算法集成起来，以获得更好的低维子空间。基于多个随机方案的奇异值分解算法的伪代码如下。

算法 3.5　基于多个随机方案的奇异值分解算法

输入：$A \in R^{m \times n}$、目标秩 k、随机方案 N

begin

　　使用随机方案生成随机矩阵 $\Omega_{[i]}$，$i = 1, \ldots, N$；

　　计算 $Y_{[i]} \leftarrow ((AA^{\mathrm{T}}))^q A\Omega_{[i]}$，$i = 1, \ldots, N$，用并行的方式；

　　对 $Y_{[i]}$ 进行 QR 分解得到 $Q_{[i]}$；

　　合并 $Q \leftarrow \{Q_{[i]}\}_{i=1}^{N}$；

　　计算奇异值分解：$Q^{\mathrm{T}}A = \widetilde{U}\widetilde{\sum}\widetilde{V}$；

　　计算 $U = Q\widetilde{U}$；

end

输出：奇异值分解结果 U，$\sum$，V

3.3.3　随机高斯矩阵与 Count Sketch 算法结合的算法

随机高斯矩阵用于随机奇异值分解可以取得高精度分解效果，而且易于实现，易于扩展。而 Count Sketch 算法相比于高斯随机矩阵更加高效，尤其当待分解矩阵是稀疏矩阵时，但是 Count Sketch 算法需要更大的 s 才能达到相同的精度。所以更好的方案是将 Count Sketch 算法与高斯随机矩阵结合起来，取长补短，获得更快的奇异值分解速度和更高的分解精度[93]。Count Sketch 算法与高斯随机矩阵结合起来生成的矩阵规模，当原始矩阵的列数远大于行数时，其时间复杂度远小于高斯随机矩阵。

接下来，从基本的随机投影方案开始介绍。对于原矩阵 $A \in R^{m \times n}$ 和目标秩 k，通常将矩阵投影到低维子空间需要两步：①构造一个随机矩阵 $\Omega \in R^{n \times k}$，其中随机矩阵的维度 l 远小于原始矩阵 A 的维度 n，随机矩阵可以通过随机采样算法或者随机映射方案得到；②只需要将原始矩阵映射到低维子空间中，即 $Y = A\Omega$，这个算法的关键是分析比对各种随机矩阵找到最好的低维子空间。为了使低秩矩阵逼近问题的随机算法得到高精度数值实现，需要改进基本的随机投影方案，改进的办法是减少投影过程中产生的碰撞，可以通过最小化采样因子实现。实际上，即使不考虑 $O(\ )$ 中的常数，在原始矩阵中选择

$O(k\log k)$ 列，最后得到结果的精度也远远低于直接对原始矩阵进行操作的结果的精度。虽然无法达到直接对原始矩阵操作的精度，但是在理想情况下，可以对问题参数化，以便选择参数 $l = k + p$ 列，其中 p 是适度采样因子，可以取值为 10 或 20，这样就不会存在 $O(\ )$ 中的常数问题。现在只要将基本随机投影矩阵的维度设为 $\boldsymbol{\Omega} \in R^{n \times l}$，就可以减少映射过程中碰撞带来的影响，从而提高矩阵近似的精度。如果对基本随机映射矩阵的改进还无法达到要求的精度，上述的两个算法适用于奇异值呈现一定衰减的矩阵，但是当原始矩阵具有平坦的奇异谱或者原始矩阵规模非常大时，它们就可能会产生非常差的矩阵近似。基于以上的问题，产生了第三种随机投影算法。

其原理是与小奇异值相关的奇异向量会干扰计算，所以我们通过对矩阵的幂进行分析来减少它们相对于主奇异向量的权重。更准确地说，我们希望将随机方案应用到矩阵 $\boldsymbol{B} = (\boldsymbol{A}\boldsymbol{A}^\mathrm{T})^q\boldsymbol{A}$ 上，而不是原始矩阵 A 上，其中参数 q 是一个小整数。矩阵 B 具有和原始矩阵 A 相同的奇异向量，但其奇异值衰减得更快。

随机高斯矩阵 $\boldsymbol{G} \in R^{r \times (k+p)}$ 中的每个矩阵元素是随机从独立同分布的标准正态分布（高斯分布）中产生的。通过集成随机高斯矩阵和 Count Sketch 算法产生的随机矩阵 $\boldsymbol{S} \in R^{m \times l}$，矩阵相乘 $(\boldsymbol{A}\boldsymbol{S})$ 将矩阵 $\boldsymbol{A} \in R^{m \times n}$ 随机映射到低维子空间 $\boldsymbol{Y} \in R^{m \times l}$ 中，其中 $l \ll n$。矩阵相乘 $(\boldsymbol{A}\boldsymbol{S})$ 的结果中的每一列都是矩阵 A 的每一列与随机映射方案混合系数的线性组合。下面的表 3.11 描述了这两种随机方案的结合。

表 3.11　两重随机映射算法伪代码

算法 3.6　两重随机映射算法

输入：$A \in R^{m \times n}$
begin
　　　将矩阵 C 初始化为一个 $n \times r$ 的元素全为 0 的矩阵
　　　for $i = 1$ to n
　　　　　从 $[1, 2, \cdots, s]$ 均匀分布中随机采样元素 l；
　　　　　从 $\{+1, -1\}$ 均匀分布中随机采样元素 g；
　　　　　更新矩阵 C 中的第 l 列：$c_{:,l} \leftarrow c_{:,l} + ga_{:,i}$；
　　　end
　　　目标秩 k，抽样参数 p，随机矩阵 $G \in R^{r \times (k+p)}$
　　　for $i = 1$ to n
　　　　　for $j = 1$ to $k + p$
　　　　　　随机从期望为 0，方差为 1 的高斯分布产生一个元素；
　　　　　end for
　　　end for
　　　生成混合矩阵 $S = CG$；
end
输出：随机矩阵 $S \in R^{m \times (k+p)}$

　　用于计算近似奇异值分解的标准确定性技术是执行矩阵的低秩 QR 分解，然后操纵这些因子以获得最终分解。这种方法的代价通常是 $O(kmn)$ 浮点运算次数，尽管这些方法在极少数情况下需要稍长的运行时间[94]。上文中提出的算法都是基于矩阵的，如果提到矩阵，那么不可避免要涉及矩阵与矩阵相乘。传统的矩阵相乘方法为行、列相乘的方式，即利用左矩阵的一行乘以右矩阵的一列。不过该方法针对稀疏矩阵相乘，会造成过多的无效计算，降低计算效率。为了解决这个问题，本章采用列、行相乘的计算方式，即利用左矩阵的一列中的元素与右矩阵对应行中的所有元素依次相乘，该方法有效避免了稀疏矩阵相乘过程中产生的无效计算。具体计算过程示意图如图 3.15 所示。

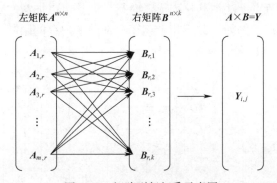

图 3.15　矩阵列行相乘示意图

　　现实中的矩阵数据可以是以各种方式保存在文件中的，本章需要对数据进行预处理。将矩阵用下面的方式保存，这样的保存方式有两点好处：一是这种保存矩阵的方式和我们学的矩阵是一致的；二是这样的保存方式相较于其他保存方式可以节省空间。

3. 53. 52. 03. 53. 50. 04. 04. 04. 04. 0
4. 02. 50. 02. 04. 04. 03. 50. 04. 54. 0
2. 01. 53. 03. 01. 04. 03. 01. 02. 55. 0
4. 52. 53. 54. 05. 04. 05. 05. 04. 01. 0

　　为了便于 MapReduce 编程模型对矩阵元素进行处理，需要使用 Map 函数对输入的矩阵数据进行预处理。原始文件中保存的一行数据代表了矩阵的一行，所以使用 Map 函数读取文件中每一行的每一个元素，对于元素 (i, j, val)，若来自矩阵 A，则输出的键/值对为 $< j, (A, i, \text{val}) >$；若元素来自矩阵 B，则输出的键/值对为 $< j, (B, i, \text{val}) >$。其中 i、j 表示矩阵的行和列；val 表示矩阵中的元素。这样矩阵 A 的第 j 列和矩阵 B 的第 i 行会被同一

个节点的Reduce函数处理；在Reduce阶段，将来自矩阵 A 和矩阵 B 的数据分别存储在列表 listA 和 listB 中，对于来自矩阵 A 中的数据 $< j, (A, i, \text{val}) >$，令 $\text{listA}[i] = \text{val}$，对于来自矩阵 B 的数据 $< i, (B, j, \text{val}) >$，令 $\text{listB}[j] = v$。将 listA 中的每个项乘以 listB 中的每个项后输出，对于 $\text{listA}[i]$ 和 $\text{listB}[j]$，输出键/值对为 $< (i, j), (\text{listA}[i] \times \text{listB}[j]) >$。在第二阶段只需将第一阶段的输出中有相同 key 的数据求和即可得到矩阵乘积的结果。

单台服务器运算节点的限制条件是内存的大小，当单台服务器运算节点无法将矩阵一次性装载到内存中时，单台服务器无法处理数据。当遇到大规模矩阵时，可能会出现内存加载不了左矩阵的一列或右矩阵的一行元素的情况，即单台服务器运算节点无法加载整列或者整行，但是可以加载左矩阵的一块与右矩阵的一块至内存。例如，进行相乘运算，突破了内存的限制。矩阵行列分块相乘示意图如图 3.16 所示。

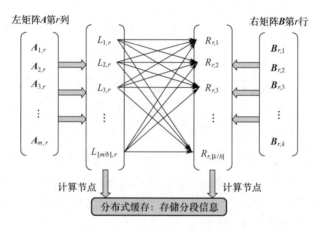

图 3.16　矩阵行列分块相乘示意图

在图 3.16 中，Map 过程会输出中间键/值对作为结果，那么 Reduce 函数是符合进一步对中间键/值对进行处理的吗？可以看到，中间键/值对不止一对，多个 Map 过程会生成多个中间键/值对，此时需要将 key 相同的中间键/值对结合在一起，通过对这个集合进行迭代，作为 Reduce 阶段的输入数据。首先会遍历中间键/值对值的集合，获得列的元素，然后再继续遍历，获得行的元素，继而可以进行相乘。可以看到这样的计算过程不仅打破了单台服务器运算节点的内存限制，还更适应分布式的计算模型，更易于在分布式环境中执行。假设每个分块包含 w 个元素，则左矩阵第 k 列被分为块，右矩阵被分为块。

　　对于矩阵相乘 $A \times B$，如果矩阵 B 不是很大，这时分布式缓存就能派上用场了，分布式缓存用于存储矩阵 B，而对矩阵 A 进行分块，各个 Map 任务将矩阵 B 完全放入内存中。本章所研究的随机奇异值算法就属于这种情况，因为要把大规模的矩阵投影到低维空间，所以选取的低维子空间，即矩阵 B 都不大，否则随机奇异值分解就毫无意义，如图 3.17 所示。

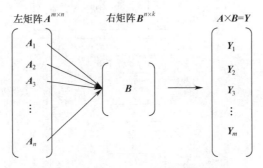

图 3.17　左矩阵行与右矩阵相乘示意图

　　为了选择适当的计算方法来寻找矩阵的低秩近似，研究人员必须要考虑到矩阵的性质。它是稠密的还是稀疏的，它适合快速内存还是要存储在外部存储中，它的奇异谱衰减得快还是慢，都可能影响到数值线性代数算法的结果。当原始矩阵太大而不能存放到内存中时，磁盘的 I/O 会成为影响计算代价的主要因素。如果想要得到更好的近似结果，那么必须要结合具体的应用场景采取相应的对策。对于本章中研究的随机奇异值算法，通常计算瓶颈是在算法的矩阵与矩阵的相乘中。而随机奇异值分解算法的优点在于可以重组这些矩阵乘法以便于在各种计算架构中获得最高的效率。在以往的研究中，单个随机投影方案有其独特的优点，但是也不可避免地会出现它的不足。本章提出基于两重随机方案的奇异值分解算法的目的是解决单一随机方案的局限性，从而获得更好的近似结果。首先使用 Count Sketch 算法生成随机矩阵 $C \in R^{n \times r}$，使用随机高斯矩阵生成投影矩阵 $G \in R^{r \times s}$，然后求得随机映射矩阵 $S = CG$。接下来的操作步骤就和随机高斯矩阵投影很相似了，具体步骤如图 3.18 所示。

■3.3.4　实验结果分析

　　基于 Count Sketch 算法的随机奇异值分解相比普通奇异值分解是高效的，尤其当原始矩阵 A 比较系数时。与随机高斯矩阵相比，Count Sketch 算法需要更大的 s 才能达到与随机高斯矩阵相同的精度。本节的实验将 Count Sketch 算

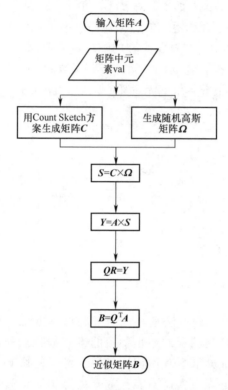

图 3.18　基于两重随机方案奇异值分解流程

法和随机高斯矩阵结合起来改进 Count Sketch 算法的不足之处。

　　为了全面评估本章提出的分布式算法的性能并达到一致的效果，本章使用了控制变量法，所有的实验均在不同规模的矩阵上进行测试。采用的实验数据是从推荐系统数据集中生成的矩阵。实验方面，在其他变量不变的情况下，控制某个变量改变，针对每个固定规模的矩阵，对比不同的维度，然后得到实验结果。图 3.19 为基于两重随机方案的随机奇异值分解误差。

　　本章主要研究的是基于奇异值分解的随机化和分布式化，因此需要将实验部署在分布式环境中，由于两个创新点是不冲突的，所以基于此实验可以在同一个平台中开展。到目前为止，除了普通的奇异值分解之外，另外一个相关的研究工作为基于 Count Sketch 算法的随机奇异值分解。同时，本章将以单机版普通随机奇异值分解算法作为基础来衡量提出的基于 Count Sketch 分布式算法的性能。由图 3.20 可以看出，随着目标秩 k 取值的增大，矩阵近似越来越精确。

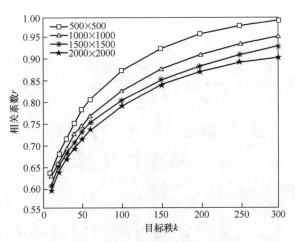

图 3.19 基于两重随机方案的随机奇异值分解误差图

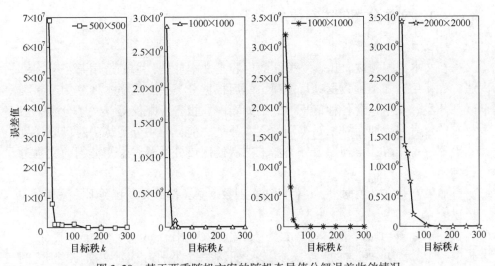

图 3.20 基于两重随机方案的随机奇异值分解误差收敛情况

第4章

基于 Hadoop 的分布式
水波优化算法

4.1 文本分类与水波优化算法

■ 4.1.1 文本分类的关键技术

1. 文本分类概述

在文本挖掘领域，比较受关注的内容是文本分类，它是选用某个分类算法首先使用已知类别数据进行建模，然后根据分类模型将文本划分为某一类或某几类。文本包含各种信息形式，如新闻、报告、邮件等。文本分类一般是有监督学习，即在对未知类别的文本分类之前，先用分类算法对已知类别的数据进行学习，得到一个分类器，然后使用该分类器对未知类别的文本进行判定。

如果 D 是文本数据集，C 为已知类别数据集，那么文本和类别的关联对应描述为

$$f: D \to C; \quad D = \{d_1, d_2, \cdots, d_i, \cdots, d_n\}; \quad C = \{c_1, c_2, \cdots, c_k, \cdots, c_m\}$$

式中：d_i 表示 D 中包含的某个文本；c_k 表示某一个类别；f 表示文本与类别之间的对应关系。分类器获得类别之间的对应关系基于的是分类算法对训练文本学习的过程。分类器则通过测试文本的特征来判定未知文本的类别。

文本分类的一般过程如图 4.1 所示。

2. 文本预处理

(1) 文本格式处理。文本信息的存储方式有很多种，一般为了方便处理后面的分类流程，需要将所有的文件变换为一样的格式。

(2) 中文分词。对于英文文本，因为有空格去分隔英文单词，所以可以通过空格对英文文本进行分词，有些单词既可以表示名词，又可以表示动词，

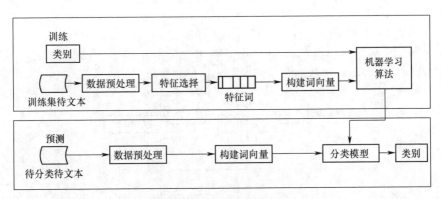

图 4.1　文本分类的一般过程

为了简化单词的形式，常把单词词干化，从而降低特征的个数。对于中文文本，它和英文文本不同，汉字间没有分隔符，因此对中文文本分词的基本处理单元是字、词或者词组等。如果以字为单位来划分，文本的特征维度太大；如果以词组为单位来划分，文本划分的过程有点困难，因此常以词作为划分的单位，以词作为文本的特征项[95]。现在中文文本分词一般使用的方法基于的是潜在语义分析与词库[96]。本章使用的中文文本分词方法是 jieba 分词，它是由国内程序员用 Python 编写的。

（3）去除停用词。一般一篇文章中会包含很多连词、虚词、数字、特殊符号和标记符号等一些对文本分类没什么作用的词，这里将这些词称为停用词，如"如果""即使""呀""哇""21""@"等。因此将这些词和符号归并起来建立一个停用词库，在对文本进行分词操作后，遍历整个停用词库，将文本中这些停用词去掉。将这些在文中出现的概率非常高而且对分类没有什么贡献的词称为噪声，它们也许会将本来属于不同类但都有这些词的文本归为同一类[97]。因此将这类停用词去掉不但减少了特征维度，降低了文本分类过程中的计算量，还提高了分类精度。

3. 文本特征选择算法

高维数据是文本分类过程中要面对的问题，因为数据维度很高会导致计算量很大和资源耗费比较多，使很多分类算法失去可行性，所以在实际的操作过程中，对特征向量进行降维的方法是文本特征选择算法。文本特征选择（feature selection）的过程是从初始的特征集合中通过某个特定算法选出一个比较小的特征集，用这个较小的特征集替换原始的特征集，并使用它来完成文本分类。特征选择通常分为 4 步[98]：①子集生成（subset generation），根据采用的算法规律生成特征子集；②子集评价（subset evaluation），通过特定标准去估算和权衡每个特征子集；③终止条件（stoppingcriterion），重复生成和评价的过程，一直到终止条件满足；④结果评估（result validation），通过先验知识或者与原始特征集进行比较，验证最优子集的正确性。特征选择过程如图 4.2 所示。下面介绍几种经典的文本特征选择算法。

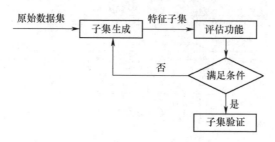

图 4.2　特征选择过程

（1）文档频率。一个特征出现在这个类别中的文本数 n_k 和文本总数 n 的比例就是文档频率。即

$$DF(t_k) = \frac{n_k}{n} \tag{4.1}$$

这个理论是：设置一个特定值，如果某个特征的 DF 比这个特定值小，就是低频特征，它不具有类别信息，把这些低频词去掉，既减小了向量的维度，又不影响分类的效果。在实际的操作过程中，一般会设置最大、最小两个阈值。只保留大于最小阈值，并且小于最大阈值的特征词，删掉比最小阈值小或比最大阈值大的特征词，因为它们会被认为区分类别能力不强，删掉它们对分类没有什么大的影响。文档频率的计算复杂度和训练语料规模成线性关系，因此在数据规模比较大时候，经常采用该方法去作特征选择。由于信息检索中认为文档频率低的特征中也含有很多信息，那么就和文档频率的理论有矛盾。所以采用文档频率去作特征选择时，要根据具体情况进行。

（2）互信息算法。互信息算法是计算特征 t 与类别 c 之间的相关度

$$I(t, c) \approx \lg \frac{AN}{(A + C)(A + B)} \tag{4.2}$$

式中：A 表示在类别 c 中特征 t 出现的文档数；B 表示特征 t 没有在类别 c 中，而在其他类别中的所有文本数；C 表示类别 c 中没有特征 t 的文本数；N 表示语料中所有的文档数。假设一共有 m 个类别，那么特征 t 会有 m 个相关度，特征 t 的权重是这 m 个相关度值的均值，一般留下权重大的特征。

（3）信息增益算法。在信息增益算法中，设定某个特定的值，算出特征

项的信息增益。这个算法的主要思想基于的是熵，熵是用来形容信息量多少的，那么信息量大的熵就大，在分类应用中，熵的定义为

$$E(C) = \sum_{i=1}^{n} P(c_i) \times \lg P(c_i) \qquad (4.3)$$

IG 的计算公式为

$$IG(t) = E(C) - E(C \mid T) = -\sum_{i=1}^{n} P(c_i) \lg P(c_i) + P(t) \sum_{i=1}^{n} P(c_i \mid t)$$

$$\lg P(c_i \mid t) + P(\bar{t}) \sum_{i=1}^{n} P(c_i \mid \bar{t}) \lg P(c_i \mid \bar{t}) \qquad (4.4)$$

式中：n 是类别的总数；$P(c_i)$ 是类别 c_i 的概率；$P(t)$ 是特征 t 的概率，即计算特征 t 出现在训练集中的文档概率；$P(\bar{t})$ 是在训练集中没有出现 t 的文档概率；$P(c_i \mid t)$ 是特征 t 出现在类别 c_i 下的概率，即在类别 c_i 下，包含特征 t 的文档数和整个训练集中有特征 t 的文本总数之比；$P(c_i \mid \bar{t})$ 表示在类别 c_i 下不包含特征 t 的概率，即在类别 c_i 下，未出现特征 t 的文档数和整个数据集中未出现特征 t 的文档总数之比。信息增益算法在特征提取上综合性能比较好，但该方法也存在缺陷：只考虑了特征在分类模型上的作用，没有分析到一个类上。

（4）卡方统计计算法。卡方（χ^2）统计主要用于衡量两个变量的不相关性。那么在文本分类中，特征 t 与类别 c 的关联度是采用 χ^2 统计来计算的[99]。当 χ^2 统计值为 0 时，认为特征 t 与类别 c 之间没有关联。当特征 t 与类别 c 的 χ^2 值越大时，说明它们之间的关联性越大。χ^2 统计值的计算公式为

$$\chi^2(t, c_i) = \frac{N(N_{11}N_{00} - N_{10}N_{01})^2}{(N_{11} + N_{01})(N_{10} + N_{00})(N_{11} + N_{10})(N_{01} + N_{00})} \qquad (4.5)$$

式中：N 是训练集中的文本总数；N_{11} 是在类别 c_i 中出现特征 t 的文本数；N_{10} 是有特征 t 但不在类别 c_i 中的文本数；N_{01} 是没有特征 t 但在类别 c_i 中的文本数；N_{00} 是不在类别 c_i 中也没有特征 t 的文本数。经过多次研究，表明 χ^2 统计的稳定性比较好，分类精度比较高，是一种不错的选择文本特征算法。

4. 文本表示模型

对原始文本处理的操作是文本表示，它是将文本转换成计算机可以识别的格式。其实质是用结构化的形式实现文本数据。在文本分类中，文本表示是很关键的一个环节，下面介绍几种比较常用的文本表示模型。

（1）布尔模型。布尔模型就是二项值模型，在文档中，如果没有指定的特征词，就将这个特征值设置为假；如果有指定的特征词，就设置为真。在实

际操作过程中，将真值设置为 1，假值设置为 0。对于文本表示而言，二项值的判断方法是比较片面的，它只能表示某个特征在文档中"有"和"无"两种情况，没有考虑到特征的权重，对文本表示不全面[100]。

（2）概率模型。概率模型[101]没有办法得到可靠的文本表示，而是根据这个可能性的状态来定。通过预定好的请求字符串和文本集的概率模型，对请求字符串和文本之前的相关性进行评估。在概率模型中，假设决定相关性大小的因素只有请求字符串和文本；那么用特征向量 $d_i = (W_{i1}, W_{i2}, \cdots, W_{in})$ 来表示文档 D，特征向量 $q_i = (q_{i1}, q_{i2}, \cdots, q_{im})$ 表示请求字符串，计算这两个向量的权值采用二项值算法，即 $W_{ij} \in \{0, 1\}$，如果有特征词，就设置为 1；如果没有该特征词，就设置为 0。计算文档和请求字符串的相关可能性的公式为

$$p(d, p) = \sum \lg \frac{p_i(1 - q_i)}{q_i(1 - p_i)} \tag{4.6}$$

式中：$p_i = r_i/r$；$q_i = (f_i - r_i)/(f - r)$。$f$ 是数据集中训练数据集的总文档数，r 是和请求字符串有关联的总文档数，r_i 是在 r 中有该特征词的文档个数，f_i 表示在训练语料中有该特征的文档个数。

（3）向量空间模型。将文档分词、特征选择得到的特征集，再对特征集中的每个特征计算它们的权重，最后在整个文档中，用每个特征词的权重来代表一个特征向量，这是向量空间模型（Vector Space Model，VSM）的思想[102]。在 VSM 中，n 个特征 $t_1, t_2, \cdots, t_n$ 就形成了一个 n 维的空间坐标，特征的权重值 $w_1(d), w_2(d), \cdots, w_n(d)$ 就是每维坐标的值，那么一个文本表示成向量形式为

$$V(d) = (w_1(d), w_2(d), \cdots, w_n(d)) \tag{4.7}$$

首先求特征 t_i 在文档 d 中的词频 $tf_i(d)$，然后通过以下公式计算权重 $w_i(d)$：

$$w_i(d) = \varphi(tf_i(d)) \tag{4.8}$$

一般 φ 函数可以为平方根函数、对函数和 TFIDF 函数等，但是因为采用 TFIDF 来做权重函数使分类的效果很好，所以 TFIDF 是最为常用的权重函数。本章也是使用 TFIDF 函数去建立文本向量。

5. 文本分类模型

首先对文本执行预处理操作，然后作特征选择，之后对文本向量化，最后一个阶段是文本的分类，在文本分类中采用了很多机器学习算法。下面主要介绍三种常用的分类算法。

（1）朴素贝叶斯分类算法。朴素贝叶斯分类算法[103]主要基于统计学中

的贝叶斯定理，与其他的分类算法比较时，一般将它作为一个基准。预测未知类别的文本属于哪一类的公式是贝叶斯公式：

$$P(C_i \mid X) = \frac{P(C_i)P(X \mid C_i)}{P(X)} \tag{4.9}$$

式中：$P(C_i \mid X)$ 表示文本 X 在类别 C_i 中的概率；$P(X \mid C_i)$ 表示在类别 C_i 中包含样本 X 的概率。在一个文本集中，$P(X)$ 是一个常数，故在 $P(C_i \mid X)(i = 1, 2, \cdots, m)$ 中，如果 $P(C_i \mid X)$ 的值大，就说明文本 X 在类别 C_i 中的概率比较大。因为 $P(X)$ 是一个常数，所以求 $P(C_i \mid X)$ 就可以变化为求 $P(C_i)P(X \mid C_i)$。

设特征 X_i 在数据中的分布是条件独立的，则

$$P(C_i \mid X) = P(C_i)P(X \mid C_i) = P(C_i)\prod_{i=1}^{M}P(X_i \mid C_i) \tag{4.10}$$

朴素贝叶斯的思想是特征之间假设是互相不具有关联性的，也就是说，某个文本的特征词只和文本的类别相关，和另外的特征是没有关系的。这样的假设减少了贝叶斯分类器的运算，而缺点是使其分类精度受到了限制。

（2）K 最近邻分类算法。K 最近邻分类算法也称 KNN 分类算法[104]，是在文本分类中经常使用的简单有效的方法，它主要是挑选出 K 个和需要分类文本最类似的文本，然后对这 K 个文本进行类别投票，哪个类别的票最多，就属于哪个类别。

KNN 分类算法的主要思路如下。

1）将一个给定的测试文本向量化，并表示为 $X(t_1, t_2, \cdots, t_n)$，简写为 X，训练语料集中的 D_j 表示为第 j 个文本的 VSM 向量。

2）X 和 D_j 之间的相似度 S_{X, D_j} 的计算公式为

$$S_{X, D_j} = \frac{\displaystyle\sum_{i=1}^{n} t_i t_{ji}}{\sqrt{\displaystyle\sum_{i=1}^{n} t_i^2 \sum_{n=1}^{n} t_2 ji}} \tag{4.11}$$

式中：t_i 为 X 的第 i 维上的值；t_{ji} 为 D_j 的第 i 维上的值。

3）选择 K 个 S_{X, D_j} 最大的文本，也就是挑选出的最近邻文本的数量是 K 个，然后根据其相似度，逐一计算类的权重，其计算公式为

$$S_{X, C_q} = \sum_{p=1}^{K} S_{X, D_p} f_{D_p, C_q} \tag{4.12}$$

式中：C_q 表示类别 q；S_{X, C_q} 表示 X 的类 q 的权重；S_{X, D_q} 表示语料集中文本和第 p 个语料集中文本的相似度；$f_{D_p, C_q} \in \{0, 1\}$ 表示一个函数，如果 D_p 属于

类别 C_q，那么设置为1，反之为0。

4）最后对比与每个类别的权值，找到权值最大的类别，则测试文本在这个类别中。

（3）支持向量机分类算法。利用支持向量机做分类主要基于结构最小化原理，它将属于和不属于某类的数据通过一个超平面进行划分[105]。在样本规模比较小的情况下，一般使用支持向量机，它通过对每个类进行判断来解决非线性的类别问题。在文本分类中采用支持向量机时，效果比较好。

假设有 L 个训练文本，将每个文本设置为一个二元组 (x_i, y_i)（$i = 1$，2，$\cdots$，L），并且 $x_i = (x_{i1}, x_{i2}, \cdots, x_{id})^T$，即第 i 个文本向量。$y_i \in \{-1, 1\}$ 代表它的类标号。$(w \cdot x) + b = 0$ 表示分类平面，w，b 是参数模型，多维向量用 x 表示，而 $\frac{1}{2} \| w \|^2$ 表示分类间隔的倒数，那么其表达最优化问题的式子为

$$\min_{w, b} \frac{1}{2} \| w \|^2 \tag{4.13}$$

$$y_i((w \cdot x_i) + b) \geqslant 1, \ i = 1, \ 2, \ \cdots, \ L \tag{4.14}$$

由式（4.13）和式（4.14）可知，在约束条件是最优超平面下，可以求得 $\frac{1}{2} \| w \|^2$ 最小的 w，b 的平面。

6. 分类评价指标

在进行实验时，被用来判定分类器的分类效果的一些标准叫作分类评价指标。在分类系统中，需要考虑的一个关键点是选择文本分类评价指标。现在已经提出过许多分类评估方法，有些评价指标是从分类器的某个方面的性能衡量的，也就是从某个角度去测试分类的效果。在分类评价过程中，国内外使用比较多的指标是查全率和查准率、宏平均和微平均、F_β 测量值等。

（1）查全率和查准率。在分类中，通过分类器正确预测属于某一类的文本数和本就是该类的全部文本数的比值就是查全率。分类器的全面性可以由它来测试，随着该类的查全率的增加，在这个类上查漏的文本数就会越小，即查全率的公式为

$$R_j = \frac{TP_j}{TP_j + FN_j} \tag{4.15}$$

式中：分类器将类 c_j 的文本正确分到该类的数据用 TP_j 表示；分类器将原本是类 c_j 的文本分到了其他类中的数据用 FN_j 表示。在分类中，通过分类器将属于某一类的文本正好分到了该类的文本数和分类器一共分到该类的总文档数的比值就是查准率。查准率的实质就是测试分类器的分类精度，如果该类的查准率

比较高，就表明在该类上分类器的错误率比较低，即查准率的公式为

$$P_j = \frac{TP_j}{TP_j + FP_j} \tag{4.16}$$

式中：分类器将本就在类别 c_j 中的文本分到了该类的文本数用 TP_j 表示；FP_j 表示分类器将本不在类 c_j 中的文本分到了这个类的文本数。

（2）宏平均和微平均。查全率与查准率衡量分类器的分类效果均从类别的角度出发，由此可知它们只是从局部出发，不能代替整体意义。那么在实践的过程中，评价分类算法的分类结果时，一般从每个类别的分类结果出发，整体去评价该分类器的分类结果。宏平均和微平均是常用的两种整体衡量分类器的方法。如果要计算宏平均，则要得知各个类的查全率和查准率，之后取查全率和查准率的均值。通过宏平均的计算公式可知，宏平均主要是从类别对整个分类效果的影响出发，计算宏平均的公式为

$$\text{MacAvg\_ Recall} = \frac{\sum_{j=1}^{|c|} \text{Recall}_j}{|c|} \tag{4.17}$$

$$\text{MacAvg\_ Precision} = \frac{\sum_{j=1}^{|c|} \text{Precision}_j}{|c|} \tag{4.18}$$

要计算微平均则要先统计每个类中分类正确和错误的文本数目，之后得到每个类的 R_j 与 P_j。从计算微平均的方法可知，微平均主要是从大类别对整个分类效果的影响出发，计算微平均的公式为

$$\text{MicAvg\_ Recall} = \frac{\sum_{j=1}^{|c|} TP_j}{\sum_{j=1}^{|c|} (TP_j + FN_j)} \tag{4.19}$$

$$\text{MicAvg\_ Precision} = \frac{\sum_{j=1}^{|c|} TP_j}{\sum_{j=1}^{|c|} (TP_j + FP_j)} \tag{4.20}$$

（3）F_β 测量值。分类器的完全性考查是通过 R_j 来实现，而其准确率则通过 P_j 来衡量，但在平常条件下，R_j 越高，P_j 就越低，它们互相冲突，因此为了使分类器的分类性能得到很好的衡量，综合考虑这两个指标是非常重要的。整体衡量 R_j 和 P_j，并将其两者转换为指标 F_β，它能更全面地衡量分类器的分类结果，用参数表示两者的相对重要性，计算 F_β 值的计算公式为

$$F_\beta = \frac{(1+\beta)P_j R_j}{\beta^2 P_j + R_j} \qquad (4.21)$$

式中：查准率用 P_j 表示；查全率用 R_j 表示；调节参数为 $\beta(0 \leq \beta \leq \delta)$，主要是调节 P_j 和 R_j 的相关度。由式（4.21）可知，当 $\beta = 0$ 时，F_β 表示的就是查全率，当 $\beta = +\delta$ 时，F_β 表示的就是查全率。一般情况下，为了平衡 R_j 和 P_j 的重要性，取 $\beta = 1$，当 $\beta = 1$ 时，F_β 就是 F_1，它在现实实验中用得多，即 F_1 的计算公式为

$$F_1 = \frac{2P_j R_j}{P_j + R_j} \qquad (4.22)$$

则 F_1 的宏平均和微平均的计算公式为

$$\text{MacAvg\_} F_1 = \frac{\sum_{j=1}^{|c|} F_{1j}}{|C|} \qquad (4.23)$$

$$\text{MicAvg\_} F_1 = \frac{\sum_{j=1}^{|c|} (R_j P_j)}{\sum_{j=1}^{|c|} (R_j + P_j)} \qquad (4.24)$$

在本章的分类实验中，评估分类效果的指标采用 R_j、P_j 和 F_1 值。

▌4.1.2　水波优化算法

2014 年，国内学者郑宇军提出了一种新的群体智能优化算法[106]：水波优化（Water Wave Optimization，WWO）算法。它从浅水波理论中得到启发，在高维解空间，主要模拟传播、折射和碎浪操作进行高效搜索。WWO 算法的主要优点包括算法框架简单，控制参数少，在小规模的种群中实现简单，计算开销也小。目前 WWO 算法已经在高铁调度和 TSP 求解等方面得到了应用。

在使用浅水波模型处理优化事件中，WWO 算法让每个"水波"代表种群中的个体，使用水波的三种操作：传播、折射和碎浪在解空间搜寻。波高 h 和波长 λ 是水波个体的两个属性，一般在对种群进行初始设值时，水波的波高设为 $h = h_{max}$，其中 h_{max} 为常量，波长设为 $\lambda = 0.5$。当水波的适应度值比较大时，波峰到波床的垂直间距就比较小，由此可得水波的适应度值和它到波床的间距是反比的关系，这个规律是：当水波和波床的距离近时，其适应度值肯定大，它的波高也就高，对应的波长就短。用 WWO 算法处理问题时，主要是采用传播、折射和碎浪等方来来全局搜索，通过这三种方式模拟水波在自然界的流动过程。

（1）传播。传播是对每个水波都会进行的操作。设初始状态下的水波是 x，经过传播后，得到 x' 水波，F 是求最大值函数，水波个体维度为 D，x' 的产生就是在水波 x 上每一维都用式（4.25）进行计算，这就是传播操作的核心。

$$x'(d) = x(d) + \text{rand}(-1,\ 1) \cdot \lambda L(d) \tag{4.25}$$

式中：初始水波的第 d 维用 $x(d)$ 表示，$d \in D$；经过水波传播后，第 d 维用 $x'(d)$ 表示；$\text{rand}(-1,\ 1)$ 是计算在 $[-1,\ 1]$ 的随机数；个体的波长为 λ，在搜寻空间中，第 d 维的长度是 $L(d)$。搜索空间中每一维的长度都有一个限定，假如 $L(d)$ 超了第 d 长度的限定，那么在有限范围内随机设置一个新位置，其公式为

$$L(d) = \text{lb}(d) + \text{rand}(\ ) \cdot (\text{ub}(d) - \text{lb}(d)) \tag{4.26}$$

式中：$\text{lb}(d)$ 为第 d 维的下界；$up(d)$ 为第 d 维的上界；$\text{rand}(\ )$ 为在 $[0,\ 1]$ 内产生的随机数。执行传播后，产生新的水波 x'，通过适应度函数 f 计算其值 $f(x')$。当 $f(x') > f(x)$ 时，用 x' 替代 x，将 x' 的波高设置为 h_{max}；当 $f(x') < f(x)$ 时，不替换，由于水波在传播途中会损耗能量，因此执行 $h = h - 1$。每一次的迭代完成后，水波个体的波长会用式（4.27）进行计算，得到新的波长。

$$\lambda = \lambda \cdot \alpha^{-(f(x)-f_{min}+\varepsilon)/(f_{max}-f_{min}+\varepsilon)} \tag{4.27}$$

式中：α 为波长的衰弱系数；目前种群中最大和最小的适应度值分别是 f_{max} 和 f_{min}。为了防止分母为 0，加入一个非常小的非负数 ε。由式（4.27）可得出，当水波的适应度值比较大时，其波长对应会比较短，其水波的传播区间也比较窄，由此可知适应度值大的水波有比较强的局部搜索能力。

（2）碎浪。根据水波原理，随着水波能量的变大，其波峰会变得比较高，如果波峰变高的速度很快，甚至比水波的传输速率更快，这时水波可能会破碎，产生一串孤立波。在水波优化中，经过水波的传播后，得到新的最优解 x^*，对其执行碎浪得到一串孤立波，采用碎浪方式使种群的丰富性得到提高。其碎浪操作的步骤：①设置一个预定参数的 k_{max}；②在 1 和 k_{max} 之间随机选择一个数 k 作为维数，最后在每一维上形成一个孤立波 x'，其公式为

$$x'(d) = x(d) + N(0,\ 1) \cdot \beta L(d) \tag{4.28}$$

式中：β 是范围在 $[0.001,\ 0.01]$ 的碎浪系数。经过碎浪操作后，得到孤立波，如果它们的 f 值比水波 x^* 的 f 值大，就用具有最优 f 值的孤立波代替 x^*；否则保存最优解 x^*。

（3）折射。在传播的过程中，水波经过一些陡峭的地方，如山底、山谷等时，就会产生绕射，即折射。水波经过传播后，将其波高 h 减 1 去模拟水波

的能力消耗。在 WWO 算法中，当 $h = 0$ 时，水波就执行折射，这是为了防止搜寻停止。折射操作用来对水波个体的每个位置进行更新，公式为

$$x'(d) = N\left(\frac{(x \cdot (d) + x(d))}{2}, \frac{|x \cdot (d) - x(d)|}{2}\right) \tag{4.29}$$

目前种群中最优水波个体是 x^*，$N(\mu, \sigma)$ 是高斯随机数，其平均值为 μ，标准差为 σ。水波经过折射后，将 x' 的波高设为 $h = h_{max}$，并且更新 λ 的值，其公式为

$$\lambda = \lambda \frac{f(x)}{f(x')} \tag{4.30}$$

图 4.3 为 WWO 算法的整个流程。

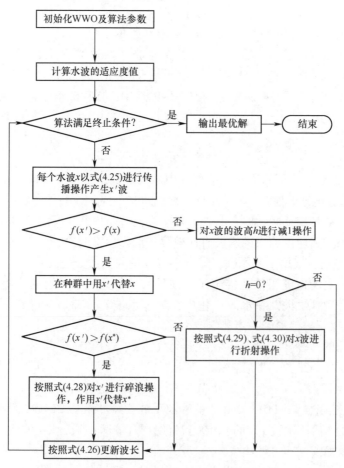

图 4.3　WWO 算法的整个流程

4.2　基于 WWO 算法的文本特征选择

4.2.1　概述

中文文本分类首先要对文本进行预处理，然后将文本用向量空间模型表示，一般情况下，向量空间的维数非常高，这就是文本分类过程中的难点。在实际操作中，高维特征向量空间对文本分类并不是都有贡献值，可能有些还会给分类带来负面的影响，降低文本分类的效果。因此在不影响分类器的分类精度的前提下，有必要降低特征向量的维数。因为前面章节中分析的算法都有一些缺点，所以针对其缺点，提出一种改进的文本特征选择算法：基于 WWO 算法的文本特征选择算法 WWOTFS。

4.2.2　传统文本特征选择的缺点

文本分类技术中经典的特征选择有文档频率（DF）、信息增益（IG）、互信息（MI）和卡方检验（CHI）等算法。DF 算法是计算每个特征在训练语料库出现的样本数，即每个特征的文档频率，并设置一个阈值，去掉小于阈值的特征，实现了降维，在 DF 算法中，假设去掉频率小的特征词对文本分类的影响不大。通过确定特征是否在文档中出现，来计算这个特征对预测分类贡献的信息比特数，是信息增益的思想，在训练数据集中，运算出每个特征的信息增益，并设置阈值以删除信息增益值低的特征，从而实现降维。MI 算法和 CHI 算法都是计算每个特征值与类别之间的相关性，首先计算每个特征的 CHI 值和 MI 值，这个值能代表特征与类别的关联性，其值越大，该特征越能表示这个类别，因此也设置了一个阈值，过滤掉小于该阈值的特征，降低特征的维数。

对于上述几种特征选择算法而言，没有谁具有绝对的优势，使用 CHI 算法对特征进行选择，分类效果比较好，但是计算成本很高。实验结果说明在特定的数据集和实验环境下，在英文数据集中，分类效果最好的是 CHI 算法和 IG 算法，DF 算法也没差太多，相对比较差的是 MI 算法；在中文数据集中，CHI 算法分类效果依然是最好，接着是 IG 算法，DF 算法随后，最差的依然是 MI 算法。上面介绍的这些特征选择算法一般都是采用一个特定的函数，来计算每个特征对应的值，然后通过这些特定的值，去挑选出更能代表某一类的特征并将其组合到一起，但它们都没有考虑到特征集合对文本分类整体上的影响，在实际过程中，分类效果受到各个特征的相互作用的影响，这个影响更加复杂。

分析了这些传统的文本特征选择算法的缺点后，本章提出一种改进的文本特征选择算法 WWOTFS，由于文本特征集对文本分类的效果有很大的影响，下面通过分组降维的思想使算法的计算量与空间都得到一定的减少，结合特征预选和特征精选，降低特征的维数，减少计算量，并提高文本分类的效果。

4.2.3 基于 WWO 算法的文本分类

中文文本和英文文本有明显的区别，英文的每个单词通过空格分开，但中文没有，所以针对中文文本，首先进行分词操作，本章采用的分词方法是 jieba 分词的精确分词。对训练数据和测试数据都进行分词，分词后将停用词过滤掉。在中文文本分类中，CHI 算法对分类的效果较优，因此本章对文本特征预选采用的是 CHI 算法，得到候选特征集后，使用 WWO 算法对候选集进行优化，得到精选特征集。基于 WWO 算法的文本分类总体框架如图 4.4 所示。

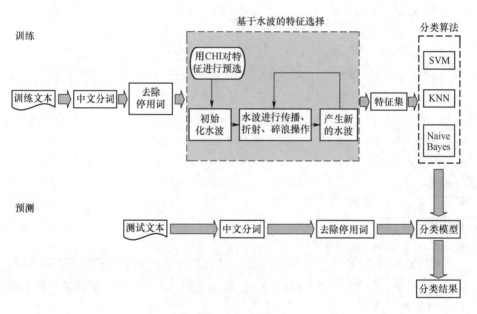

图 4.4　基于 WWO 算法的文本分类总体框架

1. 编码规则

水波特征选择编码规则基于的是特征的候选解，每一个水波对应着一个候选特征集的选择，整个水波种群就是候选特征集对应的不同选择，水波个体的维数就是候选特征集的个数，每个维数上的值只能为 0 和 1，0 表示去除候选特征集中对应的特征；1 表示选择候选特征集中对应的特征。假设候选特征集的特征数 n 为 600 个，那么每一个水波个体的维度都是 600，将这对应的 600 维上的二进制转化为十进制，该数值的范围就是 $[0, 2^{600} - 1]$。但 $2^{600} - 1$ 数值太大，在编程处理过程中不是很方便，因此将每 8 个特征设置为一组，原来的 600 维就成了 75 维，每一维都度上的数值范围是 $[0, 2^8 - 1]$，这样设计使数据大小比较合适，计算比较方便，也避开了直接操作在原始数据 0 和 1 上，同时也避免了 WWO 算法对复杂的 0 和 1 进行判断。本章中的每一维都表示分组降维后的每一维，水波在传播、碎浪和折射操作中更新水波个体，每个维度的值范围在 $[0, 2^8 - 1]$，不能超过该范围，一旦超过了该范围，就去掉对应的边界值，水波算法的编码规则见表 4.1。

表 4.1　水波算法的编码规则

$x_1 x_7$	$x_8 x_{15}$	...	$x_n x_{n+7}$
{00011101}	{01010110}	...	{00010110}
29	86	...	22

2. 适应度表示

在群体智能优化算法中，通过适应度函数计算每个个体的适应度值（Fitness）。针对文本特征选择，一般有包装和过滤两种方法，但由于本章的目的是通过 WWO 算法对文本特征进行优化精选后，提高分类的效果，因此使用包装方法，将 WWO 算法应用到文本特征选择中，WWO 算法的适应度函数采用文本分类的准确率，可以表示为

$$\text{Fitness}() = \frac{s_t}{s_t + s_f} \tag{4.31}$$

式中：s_t 是正确分类的测试文本数；s_f 是测试文本集中包含的文本总数。测试文本集为相应语料库的测试文本集。

3. 迭代次数

对于群体智能优化算法而言，迭代的次数越大，它找到全局最优解的可能性就越大。由于本章将分类精度作为算法的适应度，花费的时间比较大，经过大量实验，本章将算法的迭代次数设置为 50。

4. 基于 WWO 算法的文本特征选择

通过 CHI 算法对文本特征进行预选，在此基础上，使用 WWO 算法，水波在维数为 $n/8$ 的空间中寻找到最优的解，在范围 $[0, 2^8 - 1]$ 内，通过随机函数给水波种群中的每个水波个体赋一个整数 x_i 的初值，之后将整数对应转换为二进制，每个位置上对应的特征为 1，表示选择该特征，为 0 表示去除该特

征。水波种群中个体的数目为 p，计算 p 个体的适应度值，具体计算的思路是，将每个水波每维上的整数转换为二进制，选择 1 对应的特征，将其构成文本特征向量，为了避免分类器的偶然性，将其放到三种不同的分类器 KNN、SVM、朴素贝叶斯下训练，并计算测试文本 STS 的分类精度。基于 WWOTFS 算法伪代码如表 4.2 所示。

表 4.2　基于 WWOTFS 算法伪代码

算法 4.1　基于 WWOTFS 算法

输入：训练文本数据集 T，测试文本数据集 STS，通过 CHI 算法预选的特征数为 n，水波种群数为 p，WWO 算法的迭代次数为 G。

begin

 Step 1 对数据集中的测试文本和训练文本进行中文分词，并过滤停用词，

   接着利用 CHI 算法预选文本特征，预选后的特征个数为 n；

 Step 2 对种群 p 中的每个个体，采用随机函数在区间 $[0, 2^8 - 1]$ 初始化

   水波个体中的每一维，水波的初始波长 $\lambda = 0.5$，波高 $h = 12$；

 Step 3 计算 p 个水波的适应度值；

 Step 4 进行下一代计算，对水波个体 x 进行下面的操作：

  Step 4.1 传播操作；

  Step 4.2 假设产生新的水波 x' 的适应度值是 $f(x') > f(x)$，转 Step 4.2.1；

    否则，转 Step 4.3；

  Step 4.2.1　用 x' 代替 x；

  Step 4.2.2　如果 $f(x') > f(x^*)$，则对水波个体执行碎浪

     操作，并用 x' 替换 x^*，转 Step 4.4；

 Step 4.3 将水波 x 的波高 h 减 1；

   如果 $h = 0$，对 x 执行折射操作；

 Step 4.4 将水波个体的波长进行更换，转 Step 4。

end

输出：高精度的特征集合。

WWOTFS 算法的流程如图 4.5 所示。

■ 4.2.4　实验结果分析

1. 实验语料库

实验数据使用的中文语料库是复旦语料库，并将其分成两个数据集：set1 和 set2，见表 4.3 和表 4.4。

2. 实验平台

在单机版实验环境下，使用的操作系统为 64 位的 Win7，内存 6GB，处理器为 Intel（R）Pentium（R）CPU G630 @ 2.70GHz 2.70GHz，编程语言 IDE 环

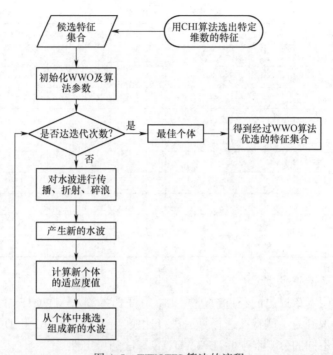

图 4.5　WWOTFS 算法的流程

境为 Python2.7+PyCharm，文本预处理使用 Python 的第三方库 jieba 进行分词，分类算法调用 scikit.learn 开源机器学习库中的分类算法。所有实验均采用 TF-IDF 计算文本特征的权重。

表 4.3　数据集 set1

class	train docs	test docs	total docs
art	742	740	1482
literature	34	33	67
education	61	59	120
philosophy	45	44	89
history	468	466	934
space	642	640	1282
energy	33	32	65
elctronics	28	27	55
communication	27	25	52
computer	1359	1357	2716

表 4.4　数据集 set2

class	train docs	test docs	total docs
mine	34	33	67
transport	59	57	116
environment	1218	1217	2435
agriculture	1022	1021	2043
economy	1601	1600	3201
law	52	51	103
medical	53	51	104
military	71	74	145
politics	1026	1024	2050
sport	1254	1253	2507

3. 实验与结果分析

为了证明本章提出的经过改进的文本特征选择算法 WWOTFS 的优势，实验中将它和现有的一些特征选择算法进行比较，包括 CHI、IG 和 DF 算法，并且采用三种不同的分类器来验证 WWOTFS 算法的稳定性。

水波种群 P 是 20，迭代的最大次数是 50，因为分类准确率会受到算法中某些参数配置的影响，所以在实验过程中采用不同的特征选择算法，分类算法的参数都配置为一样的，能更好地比较算法之间的效果。

（1）实验一。

在数据集 set1 和数据集 set2 下，使用 KNN 分类器进行实验，其结果见表 4.5和表 4.6。绘制成趋势图如图 4.6 所示。

表 4.5　使用 KNN 分类器在数据集 set1 上的结果

数据量	300	600	900	1200	1500
CHI	0.575	0.56	0.612	0.593	0.64
IG	0.55	0.614	0.62	0.561	0.623
DF	0.481	0.59	0.642	0.62	0.613
WWOTFS	0.682	0.745	0.751	0.749	0.732

表 4.6　使用 KNN 分类器在数据集 set2 上的结果

数据量	300	600	900	1200	1500
CHI	0.532	0.551	0.624	0.623	0.635

数据量	300	600	900	1200	1500
IG	0.54	0.604	0.631	0.612	0.633
DF	0.509	0.581	0.632	0.63	0.66
WWOTFS	0.69	0.732	0.765	0.77	0.783

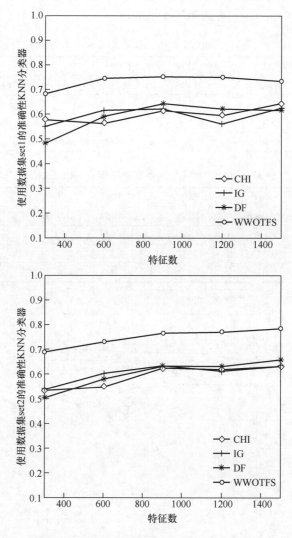

图 4.6　使用 KNN 分类器在数据集 set1 和数据集 set2 上的结果

在表 4.5、表 4.6 和图 4.6 中，对 CHI、IG 和 DF 算法而言，特征的数量表示 KNN 分类时用的特征数，那么对 WWOTFS 算法来说，特征的数量是指经过 CHI 算法预选得到的候选特征集的数量。从图 4.6 中可以看出 WWOTFS 算法比 CHI 算法提高了 9%～18% 的准确率，比 IG 算法提高了 10%～18% 的准确率，比 DF 算法提高了 11%～20% 的准确率。

（2）实验二。

在数据集 set1、数据集 set2 下，使用 SVM 分类器进行实验，其结果见表 4.7 和表 4.8。绘制成趋势图如图 4.7 所示。

表 4.7　使用 SVM 分类器在数据集 set1 上的结果

数据量	300	600	900	1200	1500
CHI	0.781	0.81	0.803	0.814	0.809
IG	0.79	0.733	0.813	0.62	0.822
DF	0.71	0.715	0.702	0.63	0.707
WWOTFS	0.806	0.842	0.846	0.857	0.863

表 4.8　使用 SVM 分类器在数据集 set2 上的结果

数据量	300	600	900	1200	1500
CHI	0.778	0.793	0.809	0.814	0.822
IG	0.769	0.788	0.812	0.825	0.827
DF	0.73	0.712	0.741	0.70	0.72
WWOTFS	0.81	0.833	0.841	0.852	0.855

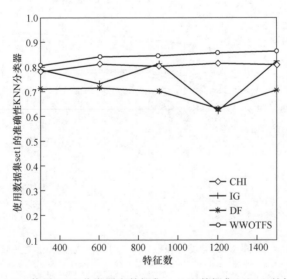

图 4.7　使用 SVM 分类器在数据集 set1 和数据集 set2 上的结果

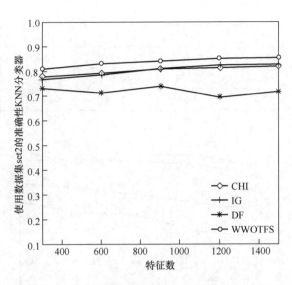

图 4.7 使用 SVM 分类器在数据集 set1 和数据集 set2 上的结果 (续)

在表 4.7、表 4.8 和图 4.7 中,对 CHI、IG 和 DF 算法而言,特征数量表示 SVM 分类时用的特征数,那么对 WWOTFS 算法来说,特征的数量是指经过 CHI 算法预选得到的候选特征集的数量。从图 4.7 中可以看出 WWOTFS 算法比 CHI 算法提高了 2%~5% 的准确率,比 IG 算法提高了 1%~23% 的准确率,比 DF 算法提高了 9%~22% 的准确率。

(3) 实验三。

在数据集 set1 和数据集 set2 下,使用朴素贝叶斯分类器进行实验,其结果见表 4.9 和表 4.10。绘制成趋势图如图 4.8 所示。

表 4.9 使用朴素贝叶斯分类器在数据集 set1 上的结果

数据量	300	600	900	1200	1500
CHI	0.86	0.906	0.921	0.926	0.93
IG	0.721	0.753	0.784	0.812	0.83
DF	0.615	0.636	0.701	0.713	0.756
WWOTFS	0.902	0.947	0.949	0.913	0.963

表 4.10 使用朴素贝叶斯分类器在数据集 set2 上的结果

数据量	300	600	900	1200	1500
CHI	0.84	0.883	0.902	0.923	0.93

续表

数据量	300	600	900	1200	1500
IG	0.722	0.749	0.771	0.803	0.831
DF	0.623	0.633	0.672	0.709	0.732
WWOTFS	0.90	0.92	0.941	0.959	0.958

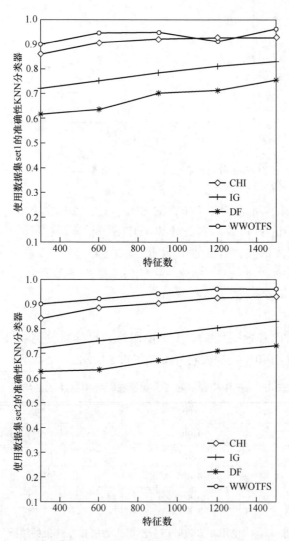

图 4.8　使用朴素贝叶斯分类器在数据集 set1 和数据集 set2 上的结果

在表 4.9、表 4.10 和图 4.8 中，对 CHI、IG 和 DF 算法而言，特征的数量表示朴素贝叶斯分类时用的特征数，那么对 WWOTFS 算法来说，特征的数量是指经过 CHI 算法预选得到的候选特征集的数量。从图 4.8 中可以看出 WWOTFS 算法比 CHI 算法提高了 2%~6% 的准确率，比 IG 算法提高了 10%~19% 的准确率，比 DF 算法提高了 15%~28% 的准确率。

综上可知，采用 KNN、SVM、朴素贝叶斯这三种分类器做实验，WWOTFS 算法相比 CHI、IG 和 DF 算法，分类精度有所提高。而且采用朴素贝叶斯分类算法得到的分类精度最优。WWOTFS 算法之所以能够提高文本分类的精度，因为 WWOTFS 算法通过 WWO 算法优化了候选特征集，减少了一些无贡献的特征对文本分类的影响，因此使文本分类的精度得到了提高。

4.3　基于分布式水波优化算法的文本特征选择

■ 4.3.1　概述

前文介绍了文本分类技术的各个环节以及涉及的技术，在面对大规模的数据集时，运行每个环节都需要消耗很多资源。例如，在特征权重方面，一般都要遍历所有的特征，计算特征在不同类中出现的文档数。但单机运行的能力不能动态扩展，研究员在做相关的文本挖掘实验时，在个人计算机上运行往往需要等待很长时间才能得到结果，这样的环境也影响了数据挖掘在面向庞大的数据时的研究。怎样处理这类的难题是很多研究人员需要关注的问题。

随着文本数量的大量增加，对应的文本特征维数规模越来越大，WWO 算法的求解质量和求解速度越来越无法满足要求，水波算法在进行搜索时是每个水波独立进行局部搜索，能够进行并行化，因此在面对海量数据时，可以利用并行化去实现，并且大数据技术慢慢在普及，并行处理技术也比较稳定了，这些都为 WWO 算法的并行化提供了可能。将云平台和 WWO 算法相结合，提出一种基于分布式水波优化算法的文本特征选择（MRWWOTFS）算法，将 WWO 算法很好的寻优能力和分布式快速计算能力相结合，得到优化后的文本特征选择模型，提高特征选择的效率。

■ 4.3.2　并行实现 WWO 算法分析

WWO 算法是一种进化算法，在水波执行过程中，需要计算大量的水波个体，并且经过实验发现，随着水波种群设置变大，水波迭代次数增多时，执行

WWO 算法的时间复杂度就会加大，采用 WWO 算法解决某些问题时，通过一次运行不会得到人们期待的结果，一般要在多次的实验中找到最优的解，这样增加了实验的计算量。随着人们对数据要求的提高，数据模型变大到某一个阶段时，算法的时间复杂度呈幂次方增长，WWO 算法在单机版上执行的缺点就暴露出来了，那么怎么去解决这个问题，是现今人们需要研究的。

因此本章根据并行化计算框架 MapReduce 的优点，将 WWO 算法和并行计算框架 MapReduce 相结合，以解决在数据规模很大、迭代次数很多的情况下，WWO 算法消耗时间很多这个缺点，使得在同样的时间段，能够执行出更多的实验结果。

利用 MapReduce 框架来将 WWO 算法并行化，使 WWO 算法对应 MapReduce 框架的 Map 和 Reduce 操作，每个 MapReduce 相互独立。通过查阅并学习很多文献资料，结合自己理解的 MapReduce 框架和 WWO 算法，得到 WWO 算法移植到 Hadoop 平台的过程。

WWO 算法的种群个体的更新用多个 MapReduce 任务去实现，使 WWO 算法的收敛加快和时间复杂度变小。分布式水波优化算法模型将每次 WWO 算法迭代的过程划分为两个 MapReduce 阶段：第一个阶段是计算水波个体的适应度值，得到原始种群中的最优个体；第二个阶段是完成水波个体的传播、折射、碎浪等操作，并将计算更新得到的水波个体的适应度值与目标最优解相比较，确定是否需要继续迭代寻找最优解。

分布式水波优化算法的具体实现细节：初始化水波种群后，第一个 Map 操作计算种群个体的适应度值，使种群个体生成新的键/值对<fitness, value>，Reduce 操作是对 Map 操作进行汇总，形成一个数据列<fitness, value-list>；第二个 Map 操作对水波执行传播、折射和碎浪三种操作来更新个体，输出的形式是<fitness, wave>，Reduce 的功能是找到种群中局部最优的那个个体。

基于 Hadoop 的 WWO 算法框架图如图 4.9 所示。

在图 4.9 中，其 MapReduce 过程中第一次 Map/Reduce 过程设计如下。

（1）Map 过程设计（设计 Map 函数以及输入和输出键/值对）。

Map 函数输入：< 种群中相对 ID，水波个体 >。

Map 函数的作用：将初始化的种群个体（key, value）经过 Map 函数转换成（ID, wave）。

Map 函数输出：< 适应度值，wave >。

（2）Reduce 过程设计（Reduce 函数以及输入和输出键/值对）。

Reduce 函数输入：< 适应度值，wave >。

Reduce 函数的作用：通过适应度值对水波个体集合进行降序，得到 < 适

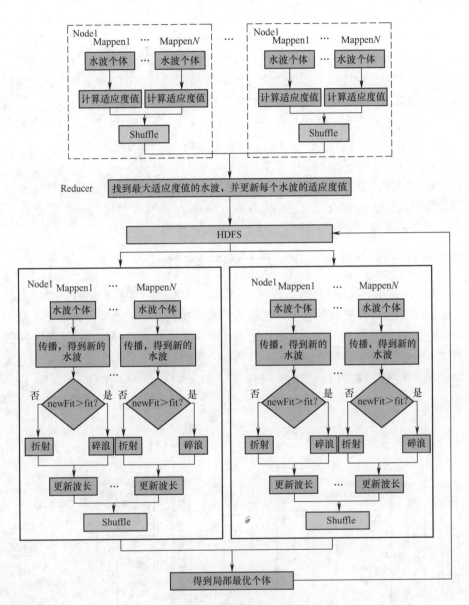

图 4.9　基于 Hadoop 的 WWO 算法框架

应度值，waveList ＞。

　　Reduce 函数输出：＜ 适应度值，waveList ＞。

　　图 4.9 中其 MapReduce 过程中第二次 Map/Reduce 过程设计如下。

（1）Map 过程设计（设计 Map 函数以及输入和输出键/值对）。

Map 函数输入：< 适应度值，wave >。

Map 函数的作用：先对水波执行传播，产生新水波个体，计算它的适应度值，然后将新适应度值与原先的适应度值和局部最优水波的适应度值相比较，再决定是否进行水波的折射和碎浪更新操作。

Map 函数输出：< 适应度值，wave >。

（2）Reduce 过程设计（Reduce 函数以及输入和输出键值对）。

Reduce 函数输入：< 适应度值，wave >。

Reduce 函数的作用：根据适应度值，将更新后的水波的适应度值的水波集合进行降序，得到 < 适应度值，waveList >，取其中最优的一个水波。

Reduce 函数输出：< 适应度值，optWave >。

▌4.3.3　分布式水波优化的文本特征选择算法

WWO 算法在使用传播、折射和碎浪等方式来更新水波个体时，每个水波个体都是独立进行更新的，根据这样的特性，将其并行化处理，将每个水波个体放在分布式平台上运行。分布式水波优化算法采用的选择方法是，每一次迭代过程中，找到局部最优的个体，并与上一次迭代产生的相比较，如果比上次迭代的解更优，就将局部最优解替换。MRWWOTFS 算法的框架如图 4.10所示。

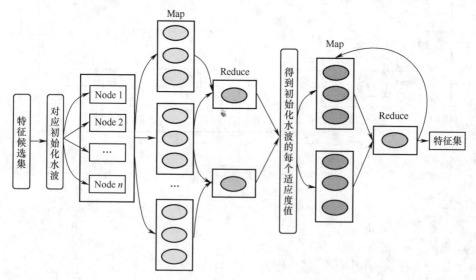

图 4.10　MRWWOTFS 算法的框架

通过图 4.10 可以得到分布式水波优化文本特征选择的步骤。

（1）通过 CHI 算法得到特征的候选集，即首先计算特征的 χ^2 值，通过 χ^2 选取前 K 个特征作为特征的候选集。

$$\chi^2(t,\ c_i) = \frac{N(N_{11}N_{00} - N_{10}N_{01})^2}{(N_{11}+N_{01})(N_{10}+N_{00})(N_{11}+N_{10})(N_{01}+N_{00})} \quad (4.32)$$

式中：N 是训练语料库中文本的总数；N_{11} 是在类别 c_i 中拥有特征 t 的文本数；N_{10} 是不属于类别 c_i 但拥有特征 t 的文本数；N_{01} 是属于类别 c_i 但文本中没有特征 t 的文本数；N_{00} 是既不属于类别 c_i 也没有特征 t 的文本数。多次研究表明：χ^2 统计的稳定性比较好，分类精度比较高，是一种不错的文本特征选择方法。

（2）通过文本特征候选集来获取每个水波的维度，并对水波种群进行初始化，水波种群的个数为 P。

（3）将产生的 P 个水波种群放到 Map 中，计算出水波的适应度值。

（4）在 Reduce 中对这些适应度值进行排序，找出适应度值最好的水波为 x^*。

（5）在分布式平台上对水波个体执行操作如下。

1）根据式（4.33）进行传播操作，产生新的水波为 x'。

$$x'(d) = x(d) + \text{rand}(-1, 1) \cdot \lambda L(d) \quad (4.33)$$

2）如果生成的水波 x' 满足 $f(x') > f(x)$，转 1）；否则，转 3）。

a. 用 x' 代替 x；

b. 如果 $f(x') > f(x^*)$，采用式（4.34）对水波执行碎浪，并用 x' 替换 x^* 转 4）。

$$\lambda = \lambda \cdot \alpha^{-(f(x)-f_{\min}+\varepsilon)/(f_{\max}-f_{\min}+\varepsilon)} \quad (4.34)$$

3）水波波高 $h = h - 1$，如果 $h = 0$，根据式（4.35）和式（4.36）对 x 进行折射操作。

$$x'(d) = N\left(\frac{(x^*(d)+x(d))}{2}, \frac{|x^*(d)-x(d)|}{2}\right) \quad (4.35)$$

$$\lambda = \lambda \frac{f(x)}{f(x')} \quad (4.36)$$

4）根据式（4.37）对波长进行更新。

$$\lambda = \lambda \cdot \alpha^{-(f(x)-f_{\min}+\varepsilon)/(f_{\max}-f_{\min}+\varepsilon)} \quad (4.37)$$

（6）根据更新后的水波的适应度值进行排序，找到这次迭代过程中最优的水波，重新设置为 x^*。

（7）如果终止条件满足，就输出最好的水波；否则回到步骤（3）。

由上面的步骤可知，用 MapReduce 并行编程框架设计了两个作业：Job1 用于得到水波个体的适应度值；Job2 用于更新水波的操作。具体算法设计过程如下。

1）Job1。

把初始化水波文档的每一行下标作为 key，文本中每一行的内容是水波的值。波高、波长和适应度值，每一行的内容是 value，传递给 Map。这样在 Map 过程中，将 value 中的值对应地赋值给 wave 对象中的属性，并计算水波的适应度值。Map 函数的输出为水波个体的适应度值为 key 值，产生的 wave 为 value 值，即 Job1 的 Map 函数的伪代码如表 4.11 所示。

表 4.11   Job1 _ map 算法伪代码

算法 4.11   Job1_ map 算法

输入：<LongWriteble, Text>
begin
  1. 将每个类别的特征集的每一维随机赋值为 {0, 1}
  2. wave. waveValue = {0, 1, 1, 1, 0, 1, 0, 0, …}
  3. wave 个体的波高设置为：wave. h = 12
  4. wave 个体的波长设置为：wave. lamabda = 0. 5
  5. 通过函数 calculateFitness（waveValue）计算水波个体的适应度值
  6. 更新每个水波的 waveFitness
  7. key-->fitness, value-->wave
  8. 将<fitness, wave>写入 HDFS 文件系统中
end
输出：<DoubleWritable, wave>

Reduce 过程读取 Map 的输出，针对 key 做降序排列，即 Job1 的 Reduce 函数的伪代码如表 4.12 所示。

表 4.12   Job1_ reduce 算法伪代码

算法 4.3   Job1_ reduce 算法

输入：<DoubleWritable, wave>
begin
  1. key-->fitness, value-->waveList
  2. for wave in waveList
  3. 将相同 key-->fitness 的 value-->wave 集合
  4. 写入到 HDFS 文件系统中
  5. end for
  6. 针对水波的 fitness 进行降序
  7. 取得局部最优水波适应度值：optFitness
  8. 并更新每个 wave 的局部最优的适应度值：optFitness
end
输出：<DoubleWritable, waveList>

2）Job2。

Job2 的 Map 是更新水波的位置，通过 Job1 计算出初始化水波的适应度值和水波对象，这里 key 值为水波的适应度值，Value 值是水波个体 wave，输出的是产生新的水波和对应的水波适应度值，即 Job2 的 Map 函数的伪代码如表 4.13 所示。

表 4.13　Job2_map 算法伪代码

算法 4.4　Job2_map 算法

输入：<DoubleWritable，Wave>

begin

 1. 从 HDFS 中读取水波个体 wave；

 2. for i = 0 to dimension

 3. $wave'(i) = wave(i) + rand(-1, 1) * \lambda$；

 4. end for

 5. 对更新的水波 wave，通过 calculateFitness（waveValue）计算适应度值 newFit；

 6. if newFit > wave.fitness

 7. wave = wave'

 8. if newFit > wave.optFitness

 9.   随机选择 k 维，产生孤立波 waveSo；

 10.   for i = 0 to k

 11. $waveSo'(i) = waveSo(i) + N(0, 1) \cdot \beta$

 12. end for

 13. 通过 calculateFitness（waveValue）计算 waveSo 适应度值 newFit2；

 14. if newFit2 > newFit

 15. Wave = waveSo

 16. 更新每个 wave 的局部最优适应度值 optFitness；

 17. 更新局部最优水波值 optValue；

 18.   end if

 19. end if

 20. else

 21.   wave.h = wave.h - 1

 22.   if wave.h == 0

 23.   对水波的每一维进行更新；

 24.   for i = 0 to dimension

 25. $wave'(i) = N\left(\dfrac{optValue(i) + wave(i)}{2}, \dfrac{optValue(i) - wave(i)}{2}\right)$

 26.   end for

 27.   通过 calculateFitness（waveValue）计算 wave 适应度值

 28.   更新水波的适应度值

 29.   end if

 30.   更新水波的波长 $\lambda = \lambda \dfrac{wave.h}{wave.fitness}$

 31. end if

end

输出：<DoubleWritable，newWave>

Reduce 函数的作用在对 Map 函数运行完成后得到的新的水波种群中，找到局部最优个体，即 Job2 的 Reduce 函数的伪代码如表 4.14 所示。

表 4.14　Job2_reduce 算法伪代码

算法 4.5　Job2_reduce 算法

输入：<DoubleWritable, newWave>

begin

    1. key-->fitness, value-->newWaveList

    2. for wave in newWaveList

    3. 针对 fitness，集合 waveList；

    4. end for

    5. 取相同 fitness 中的一个个体 wave；

    6. if fitness > optFitness

    7. optFitness = fitness

    8. optWave = wave

    9. end if

    10. 将 <DoubleWritable, Wave> 写入文件

    11. 取得局部最优水波适应度值：optFitness

    12. 并更新每个 wave 的局部最优适应度值：optFitness

end

输出：<DoubleWritable, Wave>

4.3.4　实验结果分析

为了验证 MRWWOTFS 的有效性和可行性，本章设计了相关实验进行证明。实验是在 Hadoop 云平台上实现的，它有两个核心部件：HDFS 和 MapReduce。HDFS 用来保存海量数据，是一个分布式文件系统。MapReduce 是 Google 最早提出的用来处理海量数据的一种并行化模型。MapReduce 框架不但能对海量数据进行处理，还能使程序员的开发得到简化，因为该框架隐藏了很多繁杂的细节。WWO 算法是我国学者郑宇军于 2014 年提出的，该算法通过传播、折射和碎浪等操作在高维解空间中寻找最优的解。实验架构如图 4.11 所示。

（1）实验平台。

本章的实验是在 Hadoop 云平台上运行的。由于实验环境有限，搭建的集群由 4 个节点组成，其中有一个 master，它对整个集群进行管理，其他的都是 slave 节点，去执行 master 发送的命令。

图 4.11　实验架构

（2）评价标准。

耗时比是指在单机版和分布式两个环境下去执行同一个任务所花的时间之比，用这个指标去衡量分布式和单机版运行的效果，且本章集群节点的硬件配置与单机版环境是一样的，计算公式为

$$S_p = \frac{T_l}{T_n} \tag{4.38}$$

式中：T_l 表示单机条件下执行的时间；T_n 表示在 n 个节点构成的集群条件下执行的时间。

（3）实验结果分析。

搭建 Hadoop 平台并启动服务，把初始化的水波个体上传到 HDFS。分布式水波优化特征选择 MRWWOTFS 与单机版 WWOTFS 原理基本一致，通过第 3 章的实验发现，WWOTFS 和传统的特征选择算法相比较，提高了文本分类的分类精度，并且由单机版实验可知，在朴素贝叶斯分类器下，WWOTFS 分类效果达到最优，因此在集群环境下，选择朴素贝叶斯分类器，特征的维数和单机版的一样，在实验中，为了验证在不同数目的节点集群中 MRWWOTFS 效果的不同，在实验过程中，分别启动节点数为单节点、两个节点以及三个节点，在这三种环境下记录数据。

对比单机版和分布式水波优化算法主要从执行时间和分类精度两个指标考量。使用同样的实验数据，单机版下使用 WWOTFS 算法作特征选择，分布式是在启动三个节点的集群上，采用 MRWWOTFS 作特征选择，表 4.15 列出了 WWOTFS 和 MRWWOTFS 对文本分类效果的影响。

表 4.15 分类效果对比

特征数	准确率		查全率		F1	
	WWOTFS	MRWWOTFS	WWOTFS	MRWWOTFS	WWOTFS	MRWWOTFS
300	0.902	0.913	0.916	0.912	0.909	0.912
600	0.947	0.935	0.909	0.911	0.928	0.922
900	0.949	0.942	0.923	0.931	0.936	0.937
1200	0.913	0.915	0.893	0.901	0.906	0.908
1500	0.963	0.966	0.925	0.917	0.944	0.941

在 Hadoop 平台上，使用 MRWWOTFS 对文本特征进行精选，将精选的特征放入分类算法中进行学习，得到分类模型，然后对未知类别的数据进行预测。通过对图 4.12 中的 (a)、(b)、(c) 三个图的对比分析可知，在单机版环境下使用 WWOTFS 和分布式环境下使用 MRWWOTFS 进行文本特征选择时，从分类精度、查全率及 F1 值来看，基本相同，说明将 WWOTFS 并行化后，并不影响分类的精度，证明了 MRWWOTFS 的可行性以及有效性。

为了证明 MRWWOTFS 的效率，在单机版和分布式环境下，采用相同的数据，即特征数都为 1200，并且启动集群的节点数分三种情况：单节点、两个节点以及三个节点，表 4.16 列出了特征选择执行的耗时比。

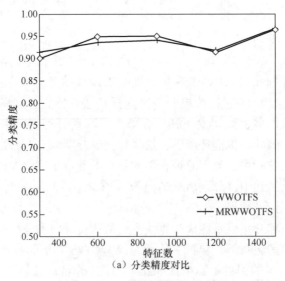

（a）分类精度对比

图 4.12 分类效果对比实验

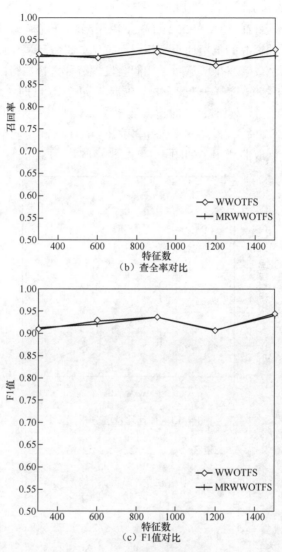

（b）查全率对比

（c）F1值对比

图 4.12　分类效果对比实验图（续）

表 4.16　特征选择执行的耗时比

单机版	Hadoop		耗时比
执行时间/s	节点数	执行时间	单机版/hadoop
	1	2455	0.881
2163	2	1382	1.565
	3	1015	2.131

通过表 4.16 可知，当集群启动一个节点时，MRWWOTFS 运行的时间比单机版 WWOTFS 运行的还要多 292s，这是由于当集群规模为单节点时，并行程序的执行使硬件资源的负担加重，相对而言，单机版环境反而更优。但是当将集群扩展到两个或者三个节点时，我们会发现特征选择执行的时间变少了很多，说明并行化特征选择速度变快，在启动两个节点时，它们的耗时比是 1.565;在启动三个节点时，耗时比就变成了 2.131，说明 MRWWOTFS 算法达到了预想的高效并行，提高效率，并将 MRWWOTFS 在不同节点执行的执行时间和耗时比绘制成曲线图，如图 4.13 和图 4.14 所示。

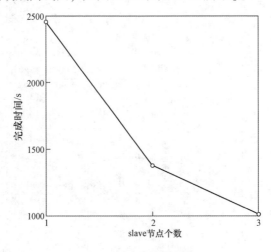

图 4.13　加速比性能分析

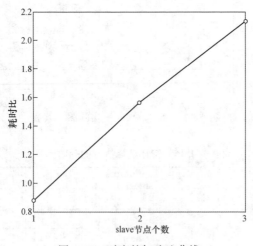

图 4.14　对应的加速比曲线

　　由图 4.13 可知，当 slave 节点的个数增加时，文本特征选择执行的时间随之减少，因此，在面对同规模的数据时，增加 slave 节点的个数，分布式处理能够明显降低文本特征选择运行的时间。

　　由图 4.14 可知，耗时比基本上是线性上升的，这表明了将水波优化算法并行化进行特征选择时，它的执行速度提高了很多，即提高了算法的执行速率。

■ 第5章 ■
基于 **Spark** 的分布式
关联规则挖掘算法

5.1　相关理论与技术

最近一段时间，数据挖掘逐渐广泛受到专家学者的重视。与此同时，有关关联规则的研究成了数据科学中最为火热的研究重点。虽然关联规则算法改进的方向有许多，但是不同的算法都存在着不同的缺点。目前主流关联规则挖掘算法依然是 20 世纪末提出的 Apriori 算法和 FP-Growth 算法，虽然这两个算法都存在效率和空间上的严重缺陷，但是能够完全将事务数据库中存在的隐藏规则发掘出来，成为了经典算法。本章详细分析这两种算法的优缺点，同时研究了分布式计算框的技术。

■ 5.1.1　关联规则

关联规则概念的提出是为了寻找事务数据库中的数据存在的关联关系，关联规则的主要定义为 $A \Rightarrow B$，其中 A 被称为关联前项，B 被称为后项。

接下来将会详细对关联规则所包含的概念和定义进行解释。

定义 5.1　假设集合 $I = \{I_1, I_2, I_3, \cdots, I_k\}$ 包含所有项目，如果满足 X、I，Y，I，则称 X、Y 为项集，并且项集中存在的元素为 k，那么该项集称为 k-项集。

定义 5.2　假设等待提取规则的数据库中所有的元素为 $I = \{I_1, I_2, I_3, \cdots, I_k\}$，$D = \{T_1, T_2, T_3, \cdots, T_k\}$ 是数据库中的一行，其中有 $T_i = \{I_{i1}, I_{i2}, I_{i3}, \cdots, I_{ik}\}$，且 T_i 中的任意元素 $I_{ij}(j \in [1, k]) \subseteq I$，则称 T 为一条事务。

定义 5.3　我们称项集 $A \Rightarrow B$ 为一条规则，其中 A 和 B 都必须同时满足以下条件：$\{A, B \mid A \subset I, B \subset I, A \cap B = \emptyset\}$，那么项集 A 表示为关联规则前项，B 为后项。

定义 5.4　如果待提取规则的数据库中有 $s\%$ 条记录共同包含项集 A 和 B，那么 $s\%$ 表示 $A{\Rightarrow}B$ 的支持度（Support），其中，支持度计算公式如下：

$$\text{Support}(A{\Rightarrow}B) = P(A \cup B) = s\% \tag{5.1}$$

定义 5.5　在待提取规则的数据中，如果包含 A 的记录中有 $c\%$ 的记录同时也包含着 B，那么，$c\%$ 表示规则 $A{\Rightarrow}B$ 的置信度（Confidence），计算公式为

$$\text{Confidence}(A{\Rightarrow}B) = P(B \mid A) = \frac{\text{Support}(A \cup B)}{\text{Support}(A)} = c\% \tag{5.2}$$

定义 5.6　假设 D 为待提取规则的事务数据库，如果项集 $X{\Rightarrow}Y$ 的支持度 s 和置信度 c 全部大于用户设定的最小支持度 $\min\_s$ 和最小置信度 $\min\_c$，则称 $X{\Rightarrow}Y$ 这一条关联规则为强关联规则。

1. Apriori 算法

在关联规则的概念被提出的同时，先验性（Apriori）算法被发表，该算法用来计算关联规则。Apriori 算法的基本步骤是对待挖掘的数据库进行多次遍历，从频繁 1 项集开始，一直搜索到频繁 N 项集，最后根据置信度阈值，提取关联规则，这就是先验性算法流程。

Apriori 算法的根本核心策略就是根据用户设定的最小支持度将待挖掘的数据库中的所有频繁项集挖掘出来，然后，根据最小置信度寻找强关联规则，算法的步骤如下。

（1）第一次遍历待挖掘的数据库，将频繁 1 项集 L_1 寻找出来。

（2）由（1）中找到的频繁 k 项集 L_{k-1}（$k{\geqslant}2$）生产候选规则集 C_k。

（3）根据关联规则中的支持度和置信度的反向单调的性质进行剪枝，假设 C_{k-1} 是 C_k 的一个（$k-1$）阶真子集，如果 $C_{k-1} \notin L_{k-1}$，并且存在 $C_k \notin L_k$，那么这个项集肯定不能满足关联规则要求，可以将项集的所有超集进行剪枝，以减少计算量。

（4）对（2）和（3）进行循环计算，直到待挖掘的数据中所有的频繁项集已经找全，然后计算每个候选项集的置信度，找到强关联规则。算法结束。

本章将使用一个实例来对 Apriori 算法流程进行直观介绍。假设存在待挖掘事务数据，一共有 5 条记录，见表 5.1，设定最小支持度为 2。

表 5.1 目标事务库 D 的内容列表

Tid	Itemsets
1	I_1, I_2, I_5
2	I_2, I_4
3	I_2, I_3
4	I_1, I_2, I_4
5	I_1, I_3
6	I_2, I_3
7	I_1, I_3
8	I_1, I_2, I_3, I_5
9	I_1, I_2, I_3

最小支持度为 2，遍历初始数据，找出所有满足最小支持度的频繁 1 项集 $C_1 = \{I_1: 6, I_2: 7, I_3: 6, I_4: 2, I_5: 2\}$；将 L_1 内的元素进行排列组合，生成频繁 2 项集的候选项集 $C_2 = \{(I_1, I_2), (I_1, I_3), (I_1, I_4), (I_1, I_5), (I_2, I_3), (I_2, I_4), (I_2, I_5), (I_3, I_4), (I_3, I_5), (I_4, I_5)\}$，计算频繁 2 项集候选项集的支持度，然后得到频繁 2 项集 $C_2 = \{(I_1, I_2): 4, (I_1, I_3): 4, (I_1, I_5): 2, (I_2, I_3): 4, (I_2, I_4): 2, (I_2, I_5): 2\}$；将 C_2 中的元素全排列，构造频繁 3 项集候选项集 $C_3 = \{(I_1, I_2, I_3), (I_1, I_2, I_5)\}$，然后继续扫描初始数据，计算候选集支持度，可以得到三阶项集为 $L2 = \{(I_1, I_2, I_3): 2, (I_1, I_2, I_5): 2\}$，然后计算 L 中的置信度。频繁项集挖掘流程图如图 5.1 所示。

2. FP-Growth 算法

在 21 世纪初，韩家炜教授提出了一种基于树的数据结构的巧妙算法 FP-Growth（Frequent Pattern Growth），即频繁项集增长算法。该算法能够将待挖掘的事务数据以树的数据结构形式压缩到计算机内存中，然后根据频繁树 FP-tree 的指针链表，提取条件子树，最后根据用户设定的支持度和置信度，递归遍历频繁树，挖掘关联规则。构造 FP-tree 的步骤如下。

（1）遍历待挖掘的数据，计算出所有一项集的支持度。

（2）筛选出频繁 1 项集构成一个集合 F，将集合 F 按照计算得到的支持度进行排序，成为一个有序的集合 L。

频繁树（FP-Tree）的构造步骤如下。

（1）建立一个为 null 的根节点，遍历初始数据，针对每一条记录，根据有序频繁项集 L 进行排序，排序后的事务数据为 [p｜P]（其中 p 是事务排序

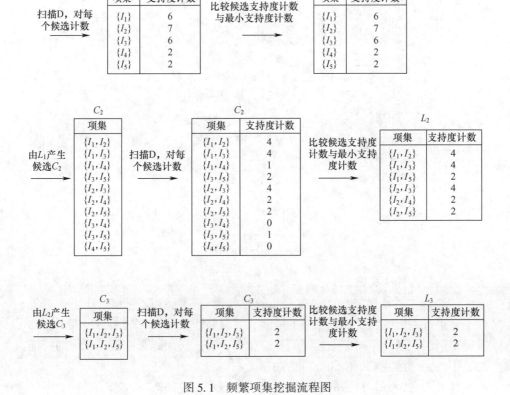

图 5.1　频繁项集挖掘流程图

后的第一个，P 是剩余事务数据）。

（2）调用函数 InsertTree（[p | P]，T）。如果根节点有叶子节点 N，使得 N. item-names=p. item-name，那么 N 的该节点计数增加 1；如果不是，则在 T 中新加节点，然后将新节点计数设计为 1。

（3）利用链表指针将具有相同父节点的子节点连接在一起。如果 P 没有遍历完成，进行递归调用 InsertTree（P，N）。一直到挖掘数据全部遍历完成。

FP-Tree 的挖掘过程通过 FP-Growth（FP_Tree，null）实现。频繁树的结构如图 5.2 所示。

通过分析 FP-Growth 算法的流程，可以分析出该算法有两个明显的缺点。

（1）算法内存资源占用太大。如果待挖掘数据集比较大，很有可能算法无法完成。因为从算法分析的步骤（1）中可以看到，FP-Growth 算法是将所有待挖掘数据压缩到频繁树中，如果数据集过大，那么很有可能出现内存溢出

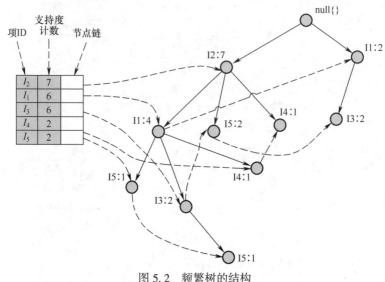

图 5.2 频繁树的结构

的情况，导致算法失败。

（2）算法性能比较低。通过分析算法步骤，算法在构造 FP-Tree 和对条件子树进行遍历时需要消耗很多的时间，并且算法在每一次的递归过程中，都需要重新创建条件子树，因此时间复杂度非常高，极大地影响了关联规则挖掘的效率，因此这是 FP-Growth 算法的致命缺点之一。

针对 FP-Growth 算法的明显缺点，本章做了一定的改进方案，通过引入优化算法提高算法效率进行详细描述。

■ 5.1.2 二进制粒子群算法

粒子群优化（Particle Swarm Optimization，PSO）算法，是由美国斯坦福大学的 Kennedy 和 Eberhart 于 20 世纪 90 年代中期提出来的一种优化算法，许多学者对其进行了不断完善。PSO 算法原理简单，计算很快，参数也比较少，被广泛应用于优化问题。但是传统的 PSO 算法一般被用来解决连续性的优化问题，无法解决离散问题。因此，二进制粒子群算法被学者提了出来，该算法通过实数映射来解决离散问题，因为通常使用 0 和 1 进行映射，所以也称为二进制粒子群算法。

离散二进制粒子群优化算法（Discrete Binary Particle Swarm Optimization Algorithm，BPSO）最初由 J. Kennedy 和 R. C. Eberhart 在 1997 年设计[107]。离散二进制粒子群优化算法是在传统的粒子群算法的基础上，对离散问题解通过

0 和 1 进行约束。离散二进制粒子群算法优点很明显，算法搜索范围广，容易收敛。缺点也非常明显，随机性太强，不能够精准求解。

离散二进制粒子群算法的步骤如下。

（1）初始化粒子位置，将待解问题采用 0-1 编码格式。0 表示不存在；1 表示存在。

（2）计算单个粒子的适应度值。

（3）更新每个粒子上的每个维度上的为止，更新公式如下：

$$V_{id} = \omega \cdot V_{id} + c_1 \cdot \text{rand}(\,) \cdot (p_{id} - x_{id}) + c_2 \cdot \text{rand}(\,) \cdot (p_{gd} - x_{id})$$

$$(5.3)$$

式中：ω 表示惯性权重；p_{id} 表示局部最优；p_{gd} 表示全局最优；c_1、c_2 分别为学习因子；rand（ ）表示随机数。

（4）将粒子进行 0 和 1 映射，通过 sigmoid 函数将对应维度尚地为止映射为 0 或 1。通过下式进行映射。

$$X_{id} = \begin{cases} 1 & \text{ifrand} \leqslant S(V_{id}) \\ 0 & \text{otherwise} \end{cases}$$

$$(5.4)$$

式中：$S(V_{id}) = \dfrac{1}{1 + e^{-V_{id}}}$，表示粒子轨迹当前为 0 的概率。

（5）如果粒子种群收敛，则输出结果；否则回到步骤（2）。

通过研究分析可以得到第 t 代粒子位置更新的概率，可以表示为

$$P(t) = (1 - S(V_{id(t-1)}))S(V_{id(t)}) + S(V_{id(t-1)})(1 - S(V_{id(t)})) \quad (5.5)$$

将 $S(V_{id})$ 代入式（5.5）中得到

$$P(t) = \left(1 - \frac{1}{1 + e^{-V_{id(t-1)}}}\right)\left(1 + \frac{1}{1 + e^{-V_{id(t)}}}\right) + \left(1 + \frac{1}{1 + e^{-V_{id(t-1)}}}\right)$$

$$\left(1 - \frac{1}{1 + e^{-V_{id(t)}}}\right)$$

$$(5.6)$$

式（5.6）表示粒子种群中的某一代，也就是第 t 代粒子种群中单个粒子每个维度在位置上改变的概率，与 t 代速度和 $t-1$ 代速度有关，通过公式可以得出：变化概率不会超过 0.5。

5.2　基于 PSO 算法改进 FP-Growth 算法

目前主流优化算法的挖掘关联规则基本都与 Apriori 算法相结合，将所有

的项集作为搜索空间，虽然这种方式相对于 Apriori 算法在效率上可能会有一定的提升，但是由于搜索空间太大，会导致规则遗漏过多。FP-Growth 算法的效率比较高，但是多次递归生成条件子树 CFP-Tree，内存使用率过高，对于大数据集会出现内存溢出等问题。因此本节选取粒子群算法与 FP-Growth 算法相结合，利用 PSO 优化算法来代替条件树的递归挖掘，以达到提升效率与挖掘规则数量的目的。

5.2.1 算法改进策略

因为关联规则的挖掘是对已知数据挖掘出未知规则，而 PSO 算法通过跟定搜索空间，寻找未知最优解，所以关联规则和 PSO 算法相结合可以减少数据遍历的计算复杂度，提高规则挖掘效率。但是目前主流算法改进都是基于 Apriori 算法进行的，而且通过 Apriori 算法改进无法将数据加载到内存中，严重影响了算法的效率，并且搜索空间的粒子群算法有可能出现局部收敛的情况，从而导致规则被挖掘出来的较少[108]。因此，本章综合效率和挖掘规则数量的考虑，提出基于 PSO 算法改进 FP-Growth 算法，优势有以下三点。

（1）通过 FP-Growth 算法构建频繁树，将所有数据压缩在内存中，不用多次遍历事务数据库，能够提高算法的运行效率。

（2）通过 PSO 算法挖掘条件子树即 CFP-Tree，能够减少搜索空间，减少规则挖掘的遗漏。

（3）通过 PSO 算法代替 FP-Growth 算法递归挖掘频繁树，能够减少算法的内存占用。

在经典 PSO 算法中，粒子通过诸如全局最优位置、最佳位置、惯性权重和加速因子等因素向预期的更好方向移动。但是，此功能往往会使解决方案的过程陷入局部最优，从而导致一些频繁项目集的丢失。本章提出的基于 PSO 算法的改进 FP-Growth 算法，PSO 算法中的粒子会不断朝着最有规则的方向移动，但是在挖掘 CFP-Tree 的过程中，由于每条规则都表示一个解[109]，因此可以将挖掘 CFP-Tree 当作一个多目标求解问题，利用 PSO 算法对每个路径进行搜索求解，找出规则并输出，其改进策略如图 5.3 所示。实线圆圈框表示整个搜索空间，虚线圆圈框表示子搜索空间即代表每条路径，箭头则指向下一次迭代的粒子移动路径。通过这种方式，可以在尽可能少的计算代价下找到尽可能多的关联规则。

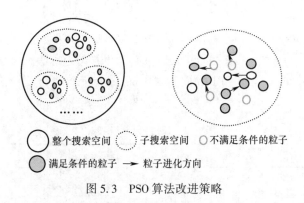

图 5.3　PSO 算法改进策略

5.2.2　PSO 算法设计

1. 粒子编码的格式

PSO 算法主要通过粒子的飞行操作改变组中具有特定结构形式的个体的位置，使粒子飞到最佳位置。可以看出，PSO 算法不能直接处理待处理问题空间中的直接数据，必须在粒子群空间中将其转换为粒子或个体。首先，需要将实际问题的问题空间数据转换为粒子形式的代码串，它可以表示粒子中包含的所有信息，即粒子的特征基因，这种转换操作称为编码。当 PSO 算法用于获得满意的解决方案时，相应的代码串被转换为实际问题的解决方案。从数学方面来分析，粒子编码是从问题空间到编码表示空间的映射，而解码是编码的一种逆向映射。因此，PSO 算法在设计编码格式时需要遵守以下三点基本原则。

（1）粒子完备性：完整性表示搜索空间中的所有解决方案都可以唯一地对应于转换后的粒子编码格式。

（2）健全性：这个特性表明在 PSO 算法的编码中表示的空间中的解，必须是待解决问题中的潜在解。

（3）非冗余性：在编码过程中，粒子的编码和问题空间中所对应的每个可能的解都必须对应。

PSO 算法中存在很多粒子的编码方式，如实数、整数等。但是二进制粒子编码有着十分明显的优势，其中最为突出的优点就是处理简单、操作方便，同时，关联规则是对离散的项集进行挖掘知识，鉴于这一特性，用二进制的编码格式处理关联规则的挖掘更为方便。综上所述，本章经过认真思考选取了二进制编码格式对种群进行编码。

二进制编码格式见表 5.2，表格中的第一行为频繁 1 项集 ID，从 A_1 到 A_N。

第二行表示频繁 1 项集对应的支持度，分别为 S_1 到 S_N。第三行为 0 或 1，1 表示多项集中包含该项；0 则表示多项集中不包含该项。假设 $N=5$，有一个多项集 W 为 (A_2, A_4, A_5)，那么 W 的二进制编码格式为 $(0, 1, 0, 1, 1)$，即 W 转换为了一个只包含 0 和 1 的向量 W'（W' 表示一个粒子），为后续的计算做准备。

表 5.2　二进制编码格式

项集 ID	A_1	A_2	$\cdots$	A_N
支持度	S_1	S_2	$\cdots$	S_N
编码格式	0 l 1	0 l 1	$\cdots$	0 l 1

2. 适应度函数的选取

适应度函数是 PSO 算法中粒子搜索的目标函数，是关联规则与 PSO 算法相连接的桥梁。适应度函数用于确定 PSO 算法中粒子当前位置的优缺点，从而为粒子分配相应的运动策略。在关联规则发现过程中，支持度和置信度对于规则的提取非常重要。支持度和置信度是关联规则挖掘中规则提取的两个重要指标。支持度完全反映了搜索到的事务支持规则的程度，这是该规则的有用性。它是一个项集是不是频繁项集的必不可少的条件，置信度则充分反映了规则的可行程度。它是从频繁项集进阶到强规则的一个必要条件。所以，如果一个规则被挖掘出来后，为了验证它是否对用户有所帮助，在一定程度上支持度和置信度能够表示为规则的重要性和有用性。在本章中，将用频繁项集 W 的支持度 Support_W 和置信度 Confidence_W，以及最小支持度 MinSupport 和最小置信度 MinConfidence 4 个参数来构造适应度函数。适应度函数公式为

$$\text{fitness}_W = \frac{\text{Support}_W + \text{Confidence}_W}{\text{MinSupport} + \text{MinConfidence}} \tag{5.7}$$

根据关联规则的定义，Support_W 计算公式为

$$\text{Support}_W = P(A \cup B) = \frac{S_W}{N} \tag{5.8}$$

式中：S_W 表示项集 $W = (A, B)$ 在事务数据库中出现的次数；N 表示事务数据库中的所有事务数；Support_W 表示同时出现项集 A 和项集 B 在待挖掘的数据中的占比。

项集 W 的置信度 Confidence_W 计算公式为

$$\text{Confidence}_W = P(A \mid B) = \frac{P(A \cup B)}{P(A)} = \frac{S_W}{S_A} \tag{5.9}$$

式中：S_W 表示项集 W 在事务数据库中出现的次数；S_A 表示频繁项集 A 在事务数据库中出现的次数；Confidence_W 表示同时包含项集 A 和项集 B 的数据在项集 A 数据中的占比。

判断用种群中一个粒子表示的规则是否能构成一条关联规则，至少需要从支持度和置信度两个方面去考虑。支持度和置信度越高，则表示规则的合理性越高。由适应度函数可以看出，当 $\text{fitness}_W < 1$ 时，该项集 W 不满足条件，即不能构成一条规则，应当舍去。当 $\text{fitness}_W > 1$ 时，则表示项集 W 能够构成一条规则，应写入输出文件中。

3. 粒子更新及变异

BPSO 算法通过 PSO 算法的更新公式计算粒子每个维度的位置，然后通过 Sigmod 函数进行映射，将位置映射到 0 或 1 上。但是如果只简单地按照粒子群算法去更新粒子，那么非常容易过早收敛于多峰函数的极值点，从而达不到寻找管理规则的目的。因此，为了避免粒子过早地收敛并且扩大粒子的搜索范围，本章引入了粒子的变异算子。

变异算子又称为种群变异，是智能优化算法为了模拟自然界中基因突变产生的优质变异引入的一种计算方式。在进行变异计算时，种群中单个粒子的维度坐标，通过一些变异函数进行改变，从而形成一个新的粒子，扩大算法的搜索范围。BPSO 算法的变异有两个作用。

(1) 计算粒子的变异，能够通过变异扩大搜索范围，增加算法的搜索能力。

(2) 能够通过变异保持种群多样，避免算法过早收敛。

本章采用的变异算子是基于均匀变异的改进方法。均匀变异是按某一概率 P 对每个个体的任一位置用 0 或 1 来替换原有的维度值，即对变异粒子的维度值取反，如果初始位置为 0，变异后则变化为 1，反之则变化为 0。通过变异操作，使粒子可以在搜索空间中随意移动，从而维持了种群中粒子的丰富性，扩大了粒子的搜索范围。引入变异算子的 BPSO 算法的变异示例如下。

粒子更新后为 $w_1 = (a_1, a_2, \cdots, a_n)$，其中 $a_i \in [0, 1]$。粒子 w_1 的随机概率为 P_{w1}，如果 $P_{w1} > P$，那么对粒子 w_1 进行变异操作得 w_1'。$w'_1 = (a_1', a_2', \cdots, a_n')$，其中 $a_i' \in [0, 1]$，并且满足 $a_i' + a_i = 1$。至此，变异粒子计算完成。

■5.2.3　PSO-FP 算法实现

1. PSO-FP 算法流程

基于 PSO 算法改进的 FP – Growth 算法称为 PSO – FP（Particle Swarm

Optimization Frequent Pattern），其算法流程如图 5.4 所示。

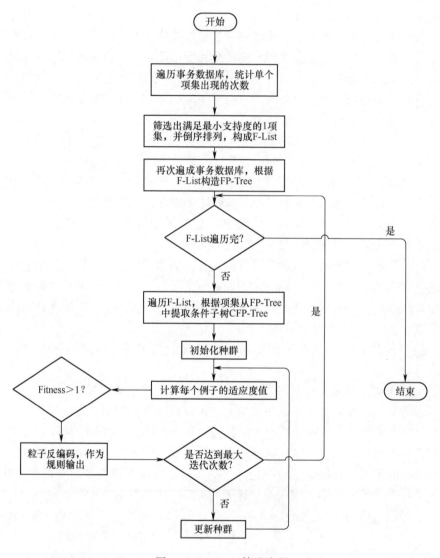

图 5.4　PSO-FP 算法流程

具体步骤如下。

（1）扫描挖掘数据，统计单个项集在待挖掘的数据集中出现的次数，同时也是项集的支持度。

（2）将支持度大于最小支持度的 1 项集提取出来并排序，最后形成一个集合列表 F-List。

（3）再次遍历事务数据库，将每个项集加入 FP-Tree 的节点中，构造完全频繁树 FP-Tree。

（4）遍历 F-List，以每一个项集 A_i 作为叶子节点提取条件子树 CFP-Tree。

（5）将（4）中构成的条件子树 CFP-Tree 中的叶子节点作为算法搜索空间，并对 PSO 算法进行初始化，设定参数。

（6）计算种群中每个粒子的适应度值 fitness。

（7）如果粒子的适应度值 fitness>1，将粒子解码后作为规则输出。

（8）更新粒子，并且计算该粒子更新后变异的概率 P，如果 $P>P_0$，则粒子变异；否则无变化。

（9）判断是否达到最大迭代次数，如果没达到最大迭代次数，则返回到步骤（7）。如果达到最大迭代次数，再判断 F-List 是否遍历完成，如果没有，继续步骤（5）。如果已经遍历完成，则结束挖掘。

2. 使用 PSO 算法挖掘频繁项集

（1）构建频繁树（FP-Tree）。

使用 FP-Tree 对待挖掘的数据进行存储，用这种方式计算支持度和适应度效率更高，挖掘关联规则效率更高。FP-Tree 的核心是，让拥有共同前项的项集在一个分支上，从而使数据存储简单。下面通过详细的实例进行说明。

表 5.3 是一个小型的数据库商品信息。其中，a，b，$\cdots$，p 分别表示客户购买的物品。

第一步，首先遍历数据库；其次计算每一个单个商品的支持度；最后根据支持度排序，只留下支持度大于最小支持度的商品，删除那些小于最小支持度的项，本章取最小支持度为 3，从而得到：$<(f:4)$，$(c:4)$，$(a:3)$，$(b:3)$，$(m:3)$，$(p:3)>$（因为支持度计算公式中的分母是数据条数，是不变的，所以只需计算出现次数）。因此 F-List 为 (f, c, a, b, m, p)，表 5.3 中的第 2 列展示了排序后的结果。

表 5.3　示例事务表

原始事务	事务排序后
f, a, c, d, g, i, m, p	f, c, a, m, p
a, b, c, f, l, m, o	f, c, a, b, m
b, f, h, j, o	f, b
b, c, k, s, p	c, b, p
a, f, c, el, p, m, n	f, c, a, m, p

FP-Tree 的根节点为 null，不表示任何项。

第二步，重新遍历表 5.3，然后创建频繁树。

第一条记录 *<f, c, a, m, p>* 对应于 FP-Tree 中的第一个树枝 $< (f: 1)$，$(c: 1)$，$(a: 1)$，$(m: 1)$，$(p: 1) >$；经过分析可知，第二条记录和第一条记录有相同的三个商品 *<f, c, a>*，因此 *<f, c, a>* 的支持度分别加 1，同时在 $(a: 2)$ 节点下添加节点 $(b: 1)$，$(m: 1)$。所以，FP-Tree 中的第二条分支是 $< (f: 2)$，$(c: 2)$，$(a: 2)$，$(h: 1)$，$(m: 1) >$，构造过程如图 5.5 所示。

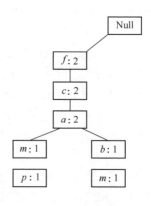

图 5.5　插入两条记录的 FP-Tree

一直将表 5.3 中的数据加入 TP-Tree 中，然后将有序的频繁 1 项集列表用指针指向 TP-Tree 中的相同节点。完整的 FP-Tree 如图 5.6 所示。

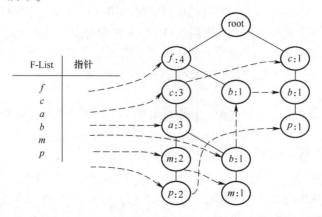

图 5.6　完整的 FP-Tree

（2）构造条件子树 CFP-Tree。

根据上文构造的 TP-Tree 开始遍历有序频繁 1 项集列表，以提取条件子树 CFP-Tree。有序频繁 1 项集列表为 (f, c, a, b, m, p)，所以在倒序遍历时，先从 p 项集开始提取条件子树。在条件子树中，找到以 p 项集为叶子节点的树的部分，如图 5.7 所示。该条件子树的所有节点就形成了算法的解空间。

（3）使用粒子群算法挖掘 CFP-Tree。

挖掘条件子树的过程主要分为以下六个步骤。

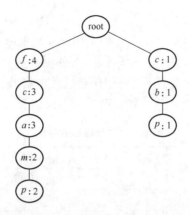

图 5.7　以 p 项为后缀的条件子树 CFP-Tree

1）统计条件树的无后置节点的节点个数 k，$t=1$。

2）初始化粒子种群 x_{ij}。

3）计算种群中每个粒子 x_{ij} 的适应度值 fitness_{ij}。

4）如果 $\text{fitness}_{ij} > 1$，则将对应的粒子解码后作为规则输出。

5）如果 $t=n$ 结束迭代，输出结果 $t=t+1$ 执行下一步。

6）更新粒子，并且计算该粒子更新后变异的概率 P，若 $P > P_0$，则粒子变异；否则无变化。得到 x'_{ij} 转到步骤 3）。

5.2.4　仿真实验与结果分析

1. 仿真环境与数据准备

实验仿真环境计算机操作系统为 Windows 7 64bit，内存 8 GB，CPU Core i5-3470 主频 3.20 GHz。数据集选用的是 MovieLens-100K。该数据集主要包含 15 个文件，包括电影信息、用户信息、评级信息，以及五组测试集和训练集。用户评价信息包括针对 1682 部电影的 943 个用户的评级信息，并且每个用户具有至少 20 部电影的分数，总计 100000 个记录。MovieLens 数据格式见表 5.4。

表 5.4　MovieLens 数据格式

userID	movieID	rating	timestamp
196	242	3	881250949
186	302	3	891717742
22	377	1	878887116
196	51	2	880606923
166	346	1	886397596

由表5.4可知，实验数据的第一列为用户 ID（userID）；第二列是电影 ID（movieID）对应的相关电影名；第三列是用户 A 对电影 B 的评分（rating），其中分值为0~5；第四列是用户评价时间（timestamp）。由于关联规则的提取需要类似于购物篮的数据，将同一用户 ID 看过的电影放在同一条记录中，并且去除评分数据和评价时间数据。预处理后的数据如表5.5所示。

表5.5　预处理后的数据

userID	movieID list
196	51346，…
166	346644，…
…	…
498	162425，…

2. 仿真结果分析

本次实验将预处理后的数据集分为五组，每组数据分别为2万、4万、6万、8万、10万条数据。关联规则的参数设置为 minSupport＝0.1，minConfidence＝0.7。PSO 算法有关设置为种群大小 $N=40$，迭代次数 $T=30$。本章首先对比了 PSO-FP 算法与传统 FP-Growth 算法和 Apriori 算法的效率，实验结果如图5.8所示。从图5-8中可以看出，Apriori 算法的关联规则挖掘效率是最低的，耗时最久。在数据量较小的情况下，如前两组实验 FP-Growth 算法和 PSO-FP 算法在时间上差距不是特别大，但是随着数据量的增多，时间差距会

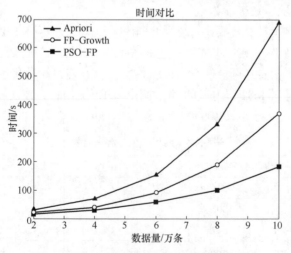

图5.8　PSO-FP 算法与经典算法效率的对比

特别明显，第五组实验 10 万条数据时，时间差距还是十分明显的。由此可见，PSO-FP 算法在时间效率上相较于 FP-Growth 算法有明显提高。

挖掘出来的部分规则和说明见表 5.6，第一列表示挖掘出来的关联规则，第二列则是电影数据对应的关系映射。

表 5.6　挖掘出来的部分规则和说明

关联规则	支持度，置信度	电影映射
123-56，50	0.23，0.87	Frighteners-Pulp Fiction，Star Wars
123-50，258	0.18，0.82	Frighteners-Star Wars，Contact
123-50，100	0.20，0.83	Frighteners-Star Wars，Fargo
123-121，50，258	0.16，0.76	Frighteners-Independence Day，Star Wars，Contact
123-1，181，50，174	0.12，0.73	Frighteners-Toy Story，Return of the Jedi，Star Wars，Raiders of the Lost Ark

以电影 ID 为 123 为例，挖掘出五条规则，分别表示为(123，(56，50))；(123，(50，258))；(123，(50，100))；(123，(121，50，258))；(123，(1，181，50，174))。其中电影 ID 为 123 的对应电影名为 *Frighteners*《恐怖幽灵》，分别与 *Pulp Fiction*《低俗小说》、*Star Wars*《星球大战》等八部电影产生关联规则。表示当一个用户观看过《恐怖幽灵》这部电影时，有很大的概率观看过《低俗小说》《星球大战》《冰血暴》《独立日》《超时空接触》《玩具总动员》《夺宝奇兵》《星球大战 3》这几部电影，其中同时观看过《低俗小说》和《星球大战》这两部电影的概率最高。

为了更进一步验证 PSO-FP 算法的效率，本章对比了基于 PSO 的 Apriori 改进方式 PSO-AP 算法，以及胡继雄在 2018 年提出的基于杂交水稻算法关联规则提取算法 HRO-AP[110]。本次实验从两个方面进行了对比验证：第一个方面是在固定数据集大小、不同种群规模的条件下，关联规则提取效率的对比；第二个方面是在固定种群规模、改变数据集大小的条件下，关联规则提取效率的对比。

在相同数据集的条件下，不同的种群规模，使用 PSO-FP 算法、PSO-AP 算法和 HRO-AP 算法的挖掘效率见表 5.7。

为了更直观地观察对比实验效果，绘制了图 5.9 和图 5.10。从图 5.9 中可以看出，随着种群数量的增加，三种算法的时间也增加，但 PSO-AP 算法和 HRO-AP 算法都需要多次遍历事务数据库。因此随着种群的增大，挖掘效率下降得很快。而 PSO-FP 算法在挖掘时间效率上明显比 PSO-AP 算法和 HRO-AP 算法更优。

表 5.7　不同种群关联规则的挖掘效率

数据集	种群大小	算法名	规则数量	时间/s
MovieLens-100k	30	PSO-FP	198	181.2
		PSO-AP	51	201.7
		HRO-AP	76	198.3
	60	PSO-FP	232	215.6
		PSO-AP	84	232.8
		HRO-AP	102	222.4
	90	PSO-FP	283	254.1
		PSO-AP	106	276.7
		HRO-AP	136	268.5
	120	PSO-FP	311	270.6
		PSO-AP	144	308
		HRO-AP	150	309.3
	150	PSO-FP	308	297.4
		PSO-AP	196	346.6
		HRO-AP	203	341.7

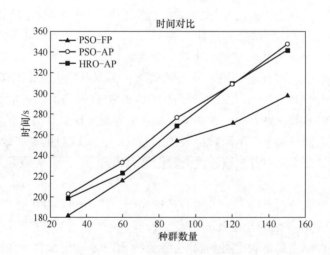

图 5.9　PSO-FP 算法与其他优化算法挖掘时间的对比

从图 5.10 中可以看出，三种改进算法挖掘出来的关联规则的数量都随着种群的增加而增加。但是 PSO-AP 算法和 HRO-AP 算法都是用整个频繁 1 项集作为搜索空间，因此关联规则挖掘的数量比 PSO-FP 算法要少。

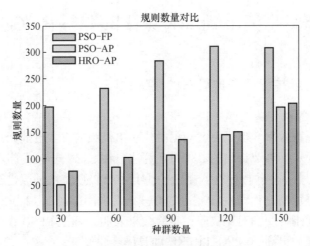

图 5.10　关联规则挖掘的数量对比

设置种群数量为 120，迭代次数均为 30 次，在不同大小的数据集下，三种算法的运行效率如图 5.11 所示。从图 5.11 中发现，评分记录在不超过 4 万条时，PSO-FP 算法和 PSO-AP 算法以及 HRO-AP 算法的运行效率并不是特别高，因为当数据量比较小时，遍历事务数据库比较快，因此 PSO-FP 算法的效率优势不是特别明显。但是随着挖掘数据量的增加，PSO-FP 算法的计算时间明显少于其他算法的时间。

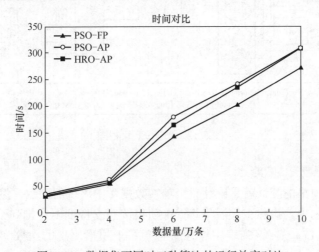

图 5.11　数据集不同时三种算法的运行效率对比

5.3 基于 Spark 算法的并行化改进

▌5.3.1 基于并行粒子群算法的改进策略

PSO-FP 算法创造性地将 PSO 算法与 FP-Grawth 算法结合，大幅度提高了关联规则的提取效率。但是在大数据时代，单机版的方式已经无法满足庞大的数据量挖掘要求。本节提出的 PSO-FP 算法，在 Spark 分布式计算框架上实现并行化。针对 Spark 并行计算，提出了基于并行 PSO 算法的改进和并行条件树挖掘两种改进策略（PPSO-FP），PPSO-FP 流程图如图 5.12 所示。针对两种改进进行了详细说明和对比实验，实验结果表明，基于 PPSO-FP 策略在挖掘效率上有一定的提高。PPSO-FP 算法的具体步骤如下。

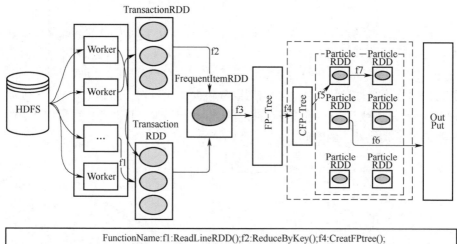

图 5.12 PSO-FP 流程图

1. 统计频繁 1 项集

频繁 1 项集的统计就是统计单个项在数据库中出现的次数，然后将不满足最小支持度的项集排除，最后将频繁 1 项集按照支持度倒序排列，得到有序 1 项集列表 F-List。在该列表中保存所有频繁 1 项集出现的次数。这个过程在 Spark 并行化中通过一次 Map 算子和 ReduceByKey 算子来实现，具体实现流程如图 5.13 所示。

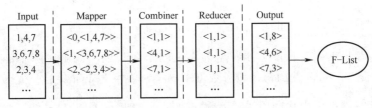

图 5.13　统计频繁 1 项集

（1）ReadLineRDD：每一个 RDD 从 HDFS 中取得事务数据库中的若干个数据片段（region），其输入是< key，value = T_i >，T_i 是事务数据库中的一条记录。Mapper 的输出就是针对 T_i 中的每一个项集 a_j，RDD 的输出为< key = a_j，value = 1>。

（2）Combiner：将（1）中得到的 RDD 输出的< key = a_j，value = 1>，按照 key 值聚合在一起，然后将 key 值相同的键/值对在相同的节点上进行计算。

（3）ReduceByKey：ReduceByKey 将 ReadLineRDD 的输出作为输入，并对每一个 key = a_j 的项进行求和输出为< key = a_j，value = n >，$n = \sum \text{value}_{aj}$ 。然后将对每一个 a_j 求得的值按照支持度进行倒序排列，得到有序 1 项集列表，同时把有序的列表集合存入集群的缓存中，通过这种方式，每个节点都能访问列表，减少了集群中数据 I/O，提高了效率。

2. 构造 FP-Tree

构造 FP-Tree 需要再一次扫描事务数据库，整个构造过程如图 5.14 所示。

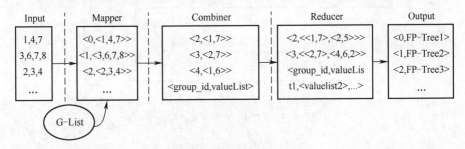

图 5.14　构造 FP-Tree 过程

（1）读取事务数据库：计算这一步时，需要第二次遍历输入数据，因此 Mapper 输入和第 1 步中 Map 算子的输入相同，即 key <，value = T_i >。第 1 步得到的有序列表 F-List 分为 g 个组，每个分组都有一个标识 group_id，这个小组为 G-List。G-list 是一张 HashMap，存于内存中。然后将 T_i 按顺序扫描，如果 a_j 在 G-List 中对应的 group_id 第一次被扫描到，则输出值 value = {a_1,

a_2，…，a_j｝，key＝group_id；否则不输出任何数据。整个分组策略为：首先得到每个分组后小组中的单个商品个数，记为 $m = \dfrac{L}{N}$，其中，m 为每组项的个数；L 为 F-List 的长度大小；N 为设定的小组长度，如果相除不能得到整数，则 $m = m + 1$。遍历每条事务数据中的项，依照 F-List 集合，先做一次排序，然后在映射表中找到项的映射数字，即 i。然后 group_id $= \dfrac{i}{m}$。按照这种方式计算出每个组的 group_id。这样就生成了 G-List。

（2）Combiner 过程：将整个 Mapper 输出的具有相同的 group_id 的值归约在一起，输出为<group_id，<valueList1，valueLis2，valueList3，…>>，以此作为下一步 Reducer 算子的输入，在 DateNode 上建立 FP-Tree。

（3）Reducer 过程：这个过程是生成本地 FP-Tree 的一步，以（2）中 Combiner 的输出结果<group_id，<valueList1，valueLis2，valueList3，…>>作为输入数据，建立 FP-Tree，用方法 f_3() 创建 FP-Tree，然后按照链表的形式输出。

3. PPSO 算法挖掘 CFP-Tree

首先基于 F-List 利用方法 f_4() 创建条件子树 CFP-Tree，具体创建过程在前面已经说明。然后，用方法 f_5() 初始粒子群算法，用方法 f_6() 计算种群中每个粒子的适应度值，用方法 f_7() 更新整个粒子种群。挖掘一次 CFP-Tree 的分布式过程如图 5.15 所示。

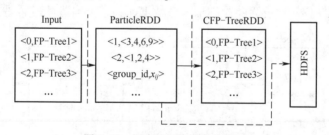

图 5.15　用 PPSO 挖掘条件子树

（1）InitMapper 过程：Mapper 输入<key＝group_id，value＝｛1，2，3…｝>中的 value 值为每个无后置节点到初始节点的每一条路径，key 值为第 2 步中的 group_id。然后经过 PPSO 算法遍历，计算输出值为每一个满足 fitness 的粒子，key 值为 group_id，value 值为 x_{ij}，即表示为 < key ＝ group_id，value ＝ x_{ij} >，并且把输出结果写入 HDFS 中，作为一条关联规则。

（2）UpdateReducer 过程：以（1）中的 InitMapper 输出作为这一次

Reducer 的输入，因此输入数据键值对为 $<key = group\_id, value = x_{ij}>$。Reducer 过程为更新 flag 标记的过程，输出 key 为 group_id 和更新后的 FP-Tree。

一直到所有条件子树都挖掘完成，整个基于分布式 PSO 算法策略改进FP-Grouth 算法就完成了。Spark 分布式计算平台的核心是弹性分布式数据集，关键步骤被封装，因此如果需要提升计算方式的性能，则需要进行策略上的优化，或者对 Spark 计算平台的部分参数进行优化。

■ 5.3.2　基于并行条件树挖掘改进策略

基于并行条件树（Parallel Conditional Frequent Pattern Tree，PCFP）算法关联规则挖掘步骤如下。

（1）遍历完整的输入数据，得到所有的频繁 1 项集。

（2）将有序频繁 1 项集集合 F-List 进行分组，生成多个子列表。

（3）再一次遍历输入数据，根据子列表将原始数据文件分为 N 个子文件。

（4）从第一个子文件开始，建立该子文件对应的 FP-Tree。

（5）倒序遍历该子文件对应的 G-List，然后根据生成的 FP-Tree 生成 G-List 中的所有项的条件子树 CFP-Tree。

（6）采用二进制粒子群算法并行挖掘每个条件子树，输出结果。

（7）判断子文件是否遍历完成，如果完成，则合并所有的关联规则；否则跳转到（4）。

PCFP 算法流程如图 5.16 所示。

1. 基于 Partition 算法的事务数据分组

在 PPSO-FP 算法中，需要将整个待挖掘的数据集以树的形式存入内存中，但是当数据量过大时，计算机的内存一定会出现内存溢出的情况，使得程序中断，因此将完整的事务数据集划分成独立的子集就十分必要。

在 Spark 集群中，基于 Partition 算法的事务数据分组步骤如图 5.17 所示。

由图 5.17 可知，整个 Partition 算法由 5 个函数实现数据分组的功能。整个分组过程通过 readFile（）、splitTrans（）、reduceBykey（）、listGrouping（）和 groupOut（）5 个函数实现，最终将一个大文件分为 N 个子文件，并且这些文件在关联规则挖掘的过程中相互独立，互不影响。

（1）readFile（）函数是将整个事务数据库从 HDFS 文件系统中读入 Spark 集群的内存中，并将每一行转为一个 RDD。算子输入为原始数据，输出为 key，value 键/值对的 RDD。key 是行偏移量，即一条记录在原始文件中所在的行号。转换格式见式（5.10）。

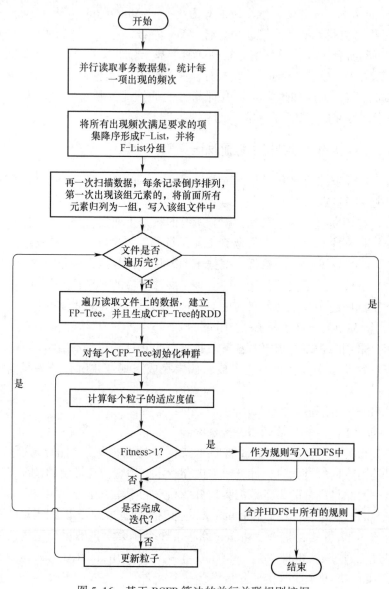

图 5.16 基于 PCFP 算法的并行关联规则挖掘

$$\left.\begin{cases} a & c & \cdots \\ b & d & \cdots \\ \cdots & \cdots & \cdots \\ e & f & \cdots \end{cases}\right\} \rightarrow \left.\begin{cases} <1, \ ac\cdots> \\ <2, \ bd\cdots> \\ <i, \ I_1I_2\cdots> \\ <n, \ ef\cdots> \end{cases}\right\} \qquad (5.10)$$

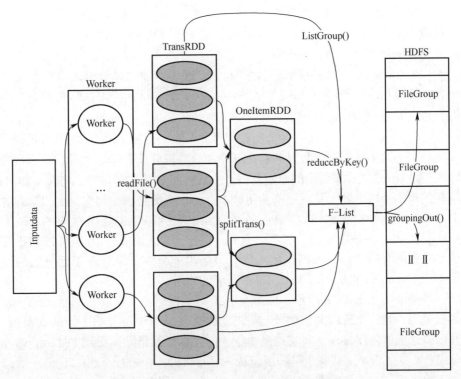

图 5.17　基于 Partition 算法的事务数据分组步骤

在式（5.10）中，i 表示行号；I 表示在第 i 行中对应的项；n 表示原数据中最大的行数。通过该函数将原事务数据转换为 RDD 读取到 Spark 集群中。

（2）splitTrans（）函数通过 Spark 中的 Map 算子，将 TransRDD 的每一行记录分割为单个项，输出同样为 key，value 键/值对。key 为项目 ID，value 为 1。转换格式见式（5.11）。由式（5.10）可知，每任意项 I 在原始数据中出现一次，就会对应有一个对象的 OneItemRDD 输出，输出为 $<I, 1>$，为下一步统计频繁 1 项集做准备。

$$\left\{\begin{array}{l} < 1, ac\cdots > \\ < 2, bd\cdots > \\ < i, I_1I_2\cdots > \\ < n, ef\cdots > \end{array}\right\} \rightarrow \left\{\begin{array}{l} < a, 1 > \\ < c, 1 > \\ \cdots \\ < I_1, 1 > \\ < I_n, 1 > \end{array}\right\} \tag{5.11}$$

（3）reduceByKey（）函数将（2）中得到的 OneItemRDD 按照 key 值合并，每出现一个相同的 key，该键/值对中的 value 值就加 1，就能计算每个商品在初始数据中出现的次数，即该商品的支持度。然后再将 value 值小于用户设定最小支持度的商品去掉，所有的单个商品都按照 value 值降序排列，就可以得到有序频繁项集列表 F-List。

（4）listGrouping（）函数是将 F-List 根据用户的选择分组数将频繁 1 项集列表分成相应的 G-List。$< I_1, I_2, \cdots, I_n >$ 为 F-List，用户将数据分为 m 组，那么 G-List 为 $< 1, (I_1, I_2, \cdots, I_m) >$，$\cdots$，$< groupid, (I_{(m-1)m}, I_{(m-1)m+1}, \cdots, I_n) >$；key 为分组的组号，value 为 F-List 中在该组的元素。

（5）groupOut（）函数根据 G-List 将原始数据分成 N 个子文件。该函数的输入还是 HDFS 文件系统中的原始数据，然后按照 F-List 的顺序，将 TransRDD 所有的项集降序排列。从后往前遍历该事务，在遍历过程中每次首次扫描到对应 G-List 的项时，就将该项前面的所有元素归为该组，输出对应的 key 为 groupid，value 为该项前的所有项。直到一条事务数据中的所有项都被扫描完成，或者所有的分组都被扫描到一次，该条事务分组结束。对于已分组的数据，根据 groupid 将数据写入 HDFS 中对应的分组。

举例说明如图 5.18 所示。假设有一组交易数据，共有 9 个交易记录，将数据分为 3 组，支持度阈值为 4。首先获得交易记录中所有单个项的支持值，并根据这个值降序排序。将支持度小于 4 的元素全部删除，得到 F-List。通过分组，d 商品和 b 商品属于第一组，从 c 商品开始，a 商品属于第二组，f 商品属于第三组。第一条交易记录（a, b, c, d）按照 F-List 排序为（d, b, c, a）。扫描从后向前开始，输出第二组（d, b, c, a）和第一组（d, b）。直到所有交易记录分组完成。

2. 并行条件模式基关联规则挖掘

在上文中对事务数据分组后，解决了数据量过大，在内存中无法构造 FP-Tree 的问题。为了进一步提高算法效率，在 PCFP 算法中将并行粒子群算法改进为并行条件子树挖掘，使集群计算资源更为均衡，提高算法效率。并行条件子树挖掘过程如图 5.19 所示。并行条件子树挖掘过程主要通过三个方法实现，分别为 FPTree（）、CFPTree（）和 psoMining（）。

（1）对于上一步分组后的文件，FPTree（）方法将单个文件中的数据通过 FP-Growth 算法中条件树的构建方式，建成条件树。在上文分组的过程中，已经将频繁 1 项集统计完成，因此只需再从 HDFS 中将分组数据文件读取一次。对于数据集 FileGroup 中的每个商品，按照该组数据对应的 G-List 顺序按支持度降序排列，开始构造 FP-Tree。树的根节点为空，每条事务中的所有商品形成一条从根节点到叶子节点的路径。如果多条事务按列表 G-List 排序后，具有前 m 个相同的商品，则它们在 FP-Tree 中共享前 m 个商品节点。在 FP-Tree 中，每个节点的计算为路径经过该节点的事务集的个数。

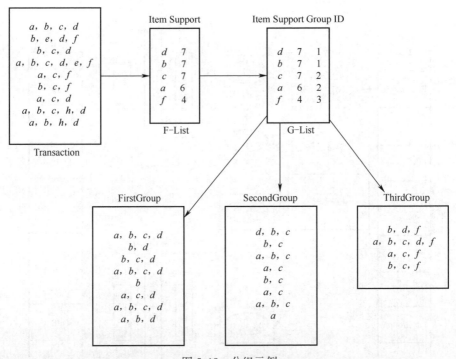

图 5.18　分组示例

（2）CFPTree（）方法是 G-List 的所有元素在 FP-Tree 中的所有前缀路径形成的条件模式基的集合。在这个过程中，会将不满足支持度的元素删除，从而达到减小搜索空间的目的。该方法的输入为 G-List 和 FP-Tree，输出为 key，value 键/值对 RDD，key 值为 G-List 中的项 ID，value 为该项对应的条件子树的根节点对象。输出表示为 $< I_i,\ \text{TreeNode}_i >$。

（3）psoMining（）方法利用二进制粒子群算法在集群的计算节点中并行挖掘上一步得到条件子树。在 psoMining（）方法中，所有粒子更新自己的位置，每当 fitness > 1 时，将粒子反编码为对应的项集，将其对应的 CFP-TreeRDD 中的 key 值作为 key 输出。最后将 HDFS 中的所有条件规则进行合并，即完成了关联规则的挖掘。

5.3.3　仿真实验分析

为了全面评估本章提出的分布式算法的性能，本章的所有对比实验均在不同规模下的事务数据集上进行。实验数据采用 WebDoc 公开数据集，该数据来自一个巨大的生活事务公开数据挖掘社区。其中主要用英文书写，约 1.7 万份

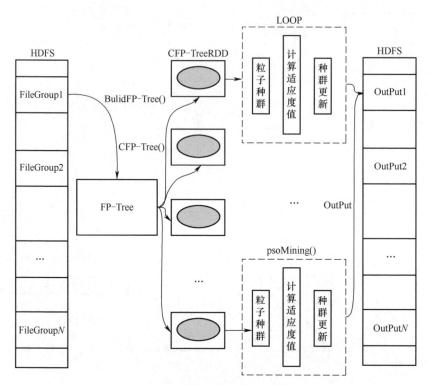

图 5.19　并行条件子树挖掘过程

文件，一亿多条记录，大小约为 2 GB。

本章的实验采用最近流行的 Spark 分布式框架平台，考虑到现有实验条件的限制，节点个数为 5 个，每个节点内存 2 GB，单核处理器。集群软件版本见表 5.8。在本次实验中，将数据分为 5 组，第一组数据 2000 万条记录，每组数据以 2000 万条数据递增，第五组数据有 1 亿条数据。

表 5.8　集群软件版本

软件名	版本
操作系统	CentOS 7.0
Spark 版本	Spark 2.2
Hadoop 版本	Hadoop 2.6
Java 版本	JDK 1.8
Scala 版本	Scala 2.1（必须 2.0 以上）
开发工具	Eclipse

本章为了比较 PPSO-FP 算法、PCFP 算法和 PFP 算法以及文献［110］中的 PHRO-AP 算法的效率，设计了一组对照实验。在这组实验中，所有的实验数据都来自 WebDoc 公开数据集。第一组数据大小为 0.4 GB，大概 2000 万条记录。剩下 4 组数据的大小分别为 0.6 GB、0.8 GB、1.0 GB 和 1.2 GB。粒子种群大小设置为 60，迭代次数为 40 次。最小支持度为 0.1，最小置信度为 0.7。具体实验参数见表 5.9。

表 5.9　对比实验算法参数

算法名	种群大小	迭代次数	最小支持度	最小置信度
PPSO-FP	60	40	0.1	0.7
PCFP	60	40	0.1	0.7
PHRO-AP	60	40	0.1	0.7
PFP	—	—	0.1	0.7

仿真实验结果见表 5.10。

表 5.10　仿真实验结果

数据量/GB	算法名	时间/s
0.4	PPSO-FP	77.794
	PCFP	64.310
	PFP	80.163
	PHRO-AP	100.131
0.6	PPSO-FP	129.280
	PCFP	109.452
	PFP	133.471
	PHRO-AP	180.416
0.8	PPSO-FP	384.625
	PCFP	208.851
	PFP	341.706
	PHRO-AP	458.144
1.0	PPSO-FP	623.792
	PCFP	324.584
	PFP	551.862
	PHRO-AP	783.121

数据量/GB	算法名	时间/s
1.4	PPSO-FP	937.651
	PCFP	567.945
	PFP	762.556
	PHRO-AP	1233.789

从表 5.10 可以看出，PCFP 算法的运行时间明显比 PPSO-FP 算法所用的时间短，并且数据量越大，差距越为明显，更为直观地比较算法的效率，绘制了图 5.20。

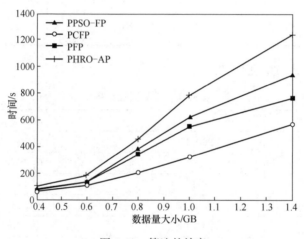

图 5.20　算法的效率

从图 5.20 可以明显看出，PCFP 算法的时间复杂度明显优于 PPSO-FP 算法、PHRO-AP 算法和 PFP 算法。数据量越大，算法的效率优势越明显。PFP 算法在数据量大的情况下，也比 PPSO-FP 算法的效率高。因此在大数据量的情况下，PCFP 算法的效率最高，PFP 算法次之，PHRO-AP 算法的效率最低。造成这一现象的主要原因：PHRO-AP 算法和 PPSO-FP 算法在进行计算时，集群中节点之间的大量通信使计算效率变得很优化。

为了更进一步验证三个算法的效率与最小支持度的关系，将最小支持度不断增大，得到算法的运行效率。最小支持度与算法效率的关系如图 5.21 所示。

从图 5.21 中可以看出，由于最小支持度的增大，所有算法的效率都会有很大的提高。这是因为随着最小支持度的提高，FP-Tree 中的数据会大幅减少，这样能够很快提升算法的效率。对于 PPSO-FP 算法和 PFP 算法，相同数

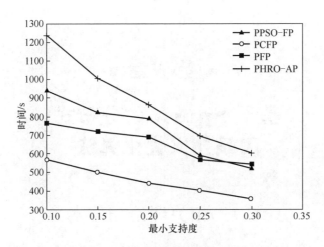

图 5.21　最小支持度与算法效率的关系

据集的最小支持度越高，算法运行时间越短。PCFP 算法的效率也随着最小支持度的增大而提高，但是提升幅度没有前面两个算法大。

　　使用 Partition 算法对数据进行分组会出现数据冗余的情况，本章将 5 组数据分别做了 5 次实验，每次实验都将原始数据分为三个组。实验结果如图 5.22 所示。从图 5.22 中可以看出，分组后的数据总量在原始数据总量的三倍左右，数据量越大，数据产生的冗余就会更多。

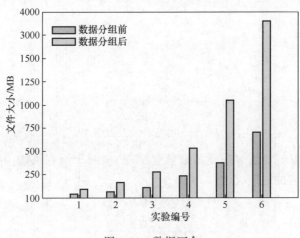

图 5.22　数据冗余

基于 **Spark** 的分布式
飞蛾扑火优化算法

6.1　相关理论与技术

■ 6.1.1　飞蛾扑火优化算法

1. 算法基本思想

在飞蛾扑火优化（Moth-flame optimization，MFO）算法中，飞蛾和火焰代表解决方案，飞蛾在每次迭代中通过搜索解空间来寻找最优解，火焰是每个飞蛾找到的最优解。换句话说，每只飞蛾都会搜索火焰周围的空间，并且每次都能找到更好的解决方案。然后更新火焰的位置。

在 MFO 中，假定每只飞蛾在 D 维解中具有一个位置空间。飞蛾的集合可以表示为

$$M = \begin{bmatrix} m_{1,1} & m_{1,2} & \cdots & \cdots & m_{1,d} \\ m_{2,1} & m_{2,2} & \cdots & \cdots & m_{2,d} \\ \vdots & \vdots & \vdots & \vdots & \vdots \\ m_{n,1} & m_{n,2} & \cdots & \cdots & m_{n,d} \end{bmatrix} \tag{6.1}$$

式中：n 是飞蛾的数量；d 是变量数量（维度）。对于所有飞蛾，假设有一个数组用于存储相应的适应度值：

$$OM = \begin{bmatrix} OM_1 \\ OM_2 \\ \vdots \\ OM_n \end{bmatrix} \tag{6.2}$$

MFO 的另外两个分量是表示 d 维空间中火焰的火焰矩阵及其相应的适应度函数向量，它们可以分别表示为

$$F = \begin{bmatrix} F_{1,1} & F_{1,2} & \cdots & \cdots & F_{1,d} \\ F_{2,1} & F_{2,2} & \cdots & \cdots & F_{2,d} \\ \vdots & \vdots & \vdots & \vdots & \vdots \\ F_{n,1} & F_{n,2} & \cdots & \cdots & F_{n,d} \end{bmatrix} \qquad (6.3)$$

$$OF = \begin{bmatrix} OF_1 \\ OF_2 \\ \vdots \\ OF_n \end{bmatrix} \qquad (6.4)$$

式中：n 是飞蛾的数量；d 是变量数量（维度）。

（1）随机产生初始化种群。MFO 算法在迭代初期会产生一个随机的飞蛾种群和相应的适应度值的函数。

（2）更新飞蛾的位置。为了精确地模拟飞蛾的行为，可以使用式（6.5）更新每只飞蛾相对于火焰的位置。

$$M_i = S(M_i, F_j) \qquad (6.5)$$

式中：M_i 表示第 i 只飞蛾；F_j 表示第 j 个火焰；S 为螺旋形函数。利用随机选取的 flameno 火焰，采用螺旋飞翔的方法进行勘探，具体为采用式（6.6）计算飞蛾的主要更新机制选取了对数螺旋线。

$$S(M_i, F_j) = D_i \cdot e^{bt} \cdot \cos(2\pi t) + F_j \qquad (6.6)$$

利用随机选取的 flameno 火焰，采用螺旋逼近的方法进行全局勘探，具体采用式（6.7）进行计算。

$$S(M_i, F_j) = D_i \cdot e^{bt} \cdot \cos(2\pi t) + F_{\text{flameno}} \qquad (6.7)$$

式中：D_i 表示第 i 只飞蛾与第 j 个火焰之间的距离；b 为对数螺旋线形状的常数；假设 t 是一个范围为 $[-r, 1]$ 的随机数，r 在迭代过程中从 -1 到 -2 线性减少，称为收敛因子。D_i 由式（6.8）计算求得

$$D_i = |F_j - M_i| \qquad (6.8)$$

使用式（6.9）可以使火焰的数量在迭代过程中自适应减少

$$\text{flameno} = \text{round}\left(N - l\frac{N-1}{T}\right) \qquad (6.9)$$

式中：l 为迭代次数；N 为火焰数量的最大值；T 为最大的迭代次数。

MFO 算法的步骤如下，相应的算法流程图如图 6.1 所示。

（1）初始化种群，设置最大迭代次数。

（2）初始化飞蛾种群 *M*，根据 *M* 计算出适应度值 *OM*，得到当前最优个体位置。

（3）*M* 和 *OM* 的位置不变，对 *M* 和 *OM* 进行排序得到火焰 *F* 和适应度值 *OF*。

（4）求出火焰的数量和对应火焰的距离 *D*。

（5）对每只飞蛾 *i*，火焰 flameno 执行如下操作。

比较当前迭代处理飞蛾的只数 *i* 与 火焰个数 flameno 之间的关系。如果生成的飞蛾 *i* 满足 *i* ≤ flameno，则采用螺旋飞行的方式，获得局部最优解，然后执行下一步。如果生成的飞蛾 *i* 满足 *i* > flameno，则利用随机选取的 flameno 个火焰，采用螺旋逼近的方法进行全局勘探。

（6）判断是否为最大迭代次数，否则返回执行步骤（2）。

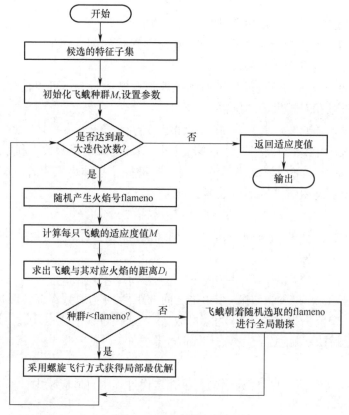

图 6.1   MFO 算法流程

2. 算法的局限性

任何一种群智能优化算法在迭代时都存在两种搜索方式：全局搜索和局部

搜索。这两种搜索方式是导致算法搜索能力不强、易早熟等问题出现的主要原因。在种群初始化过程中，基本的 MFO 算法中的随机初始化策略会导致算法收敛速度慢，不容易找到尽量优的初始值，这也在一定程度上降低了算法的全局搜索能力和搜索效率。

基本的 MFO 算法的更新过程中，算法存在局部最优的缺点，并且算法中个体的位置更新会受到当前适应度最好的个体位置的影响；算法中单一的局部搜索机制不能保证飞蛾始终保持向好的位置移动，不能保证种群的丰富度和均匀度，易陷入局部最优。

▌6.1.2　特征选择

特征选择通过评估标准来测量特征子集的最优性。根据某个评估标准评估每个候选子集，并与之前的最佳候选子集进行比较，如果新的子集更好，则替代之前的最佳候选子集。例如，文献［111］提出了一种基于 PSO 和粗糙集的高效特征选择与分类算法，通过使用粗糙集理论的属性约简，可以剔除原始特征集合中的冗余特征达到维数约简的目的，也可以利用 PSO 算法和三种适应度函数提高算法的分类精度。文献［112］提出了一种基于进化算法的高维数据问题特征选择方法，通过特征选择去除文本特征中的冗余或者不相干的特征，利用基于特征排序的方法减少了整个可用功能集的搜索空间，能够利用特征选择方法处理高维数据，同时提高了进化算法的分类精度。文献［113］提出了一种基于改进的粒子群算法优化的特征选择方法，利用二进制的 PSO 算法来对特征选择过程进行优化，提高了算法的性能也降低了特征的数目。

▌6.1.3　二进制的飞蛾扑火优化算法特征选择

飞蛾扑火算法是一种自适应的全局搜索算法，它具有并行性和适合解决多目标优化问题的特性，但在处理高维数据时，飞蛾扑火算法的运行效率和搜索性能都会受到限制，本章将二进制编码和 MFO 算法进行结合，提出了一种基于二进制的飞蛾扑火优化算法特征选择的方法，简称为 BMFO 算法。每个特征子集都被编码为 1 和 0 的二进制字符串，因此将所有的解表示为二进制向量的形式，其中，1 表示选择一个特征来组成新的数据集；0 表示不选择[114]。用 Sigmoid 函数来构建这个二进制向量：

$$\psi(S(M_i,\ F_j)) = \frac{1}{1 + e^{S(M_i,\ F_j)}} \tag{6.10}$$

因此，式（6.10）将由以下等式代替：

$$S(M,F)=\begin{cases}1 & \psi(S(M_i,F_j))>\sigma \\ 0 & \end{cases} \qquad (6.11)$$

式中：$\sigma \sim U(0,1)$；$S(M,F)$ 代表新的二进制飞蛾相对于火焰的位置。

6.2　基于 Spark 的改进飞蛾扑火优化算法的研究

　　MFO 算法在进行特征选择分类时虽然能够获得较好的分类结果，但是基本的 MFO 算法存在很多问题，如算法易早熟，易陷入局部最优和分类精度不高等，为了进一步提高 MFO 的分类性能，本章将对基本的飞蛾扑火算法进行改进，以提高算法的分类性能和寻优能力。在处理大规模的数据分类时，MFO 算法的运行效率很低，鉴于此，本章借助 Spark 分布式环境下并行处理数据的高性能，提出了一种基于 Spark 的飞蛾扑火优化算法，简称为 SPBMFO 算法，改善基本的 MFO 算法的运行效率，以提高算法的效率。

▌6.2.1　基于 Spark 的飞蛾扑火优化算法

　　MFO 算法必须经过多次的迭代才能得到最优解，每只飞蛾具有其自身的适应度值，并且每只飞蛾都有一个对应火焰，存储着飞蛾最好的解，每次迭代飞蛾通过火焰更新它们的位置来搜索解决方案。为了尽可能快速找到最好的解，需要使用 Spark 框架的 RDD 提供的计算接口实现并行化。SPBMFO 算法伪代码如表 6.1 所示。具体的算法框架如图 6.2 所示。

表 6.1　SPBMFO 算法伪代码

算法 6.1　SPBMFO 算法

输入：原始数据集 D；

begin

　　Step 1 种群初始化

　　　　Step1.1 读取原始数据集 D，存储在 HDFS 中；

　　　　Step 1.2 初始化 RDD 数据集，该数据集代表飞蛾种群 M；

　　　　Step 1.3 将 RDD 作 map 转换处理，计算初始适应度值；

　　Step 2 种群的更新

　　　　Step 2.1 Mapper：读取飞蛾位置信息并更新；

　　　　Step2.2 Mapper：对每只飞蛾 i，火焰 flameno 执行如下操作：

　　　　Step 2.2.1 如果 $i \leqslant$ flameno，采用螺旋飞行的方法，获得局部最优解，转 Step 2.3；否则，转 Step 2.2.2；

续表

算法 6.1　SPBMFO 算法

　　Step2. 2. 2 采用螺旋逼近的方法，进行全局探索；

　　Step 2. 3 Mapper：最优的位置和局部最优值作为<key，value>；

　　Step 2. 4 求出火焰数量；

　　Step 2. 5 求出飞蛾与其对应火焰的距离；

　　Step 2. 6 Reducer：将最小的 key 对应的位置分配给全局最优位置；

　　Step 2. 7 若满足终止条件，则更新最优的位置信息，否则转 Step2. 2；

end

输出：最优的个体和适应度值。

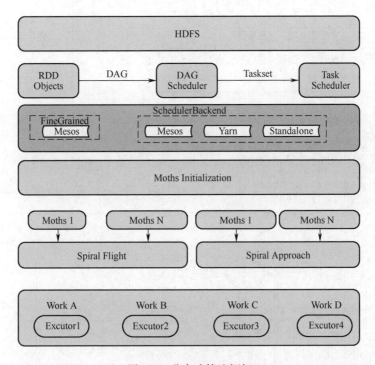

图 6.2　分布式算法框架

　　为了提高分类效率，本章对 BMFO 算法进行了分布式化。图 6.3 展示了分布式飞蛾扑火优化算法的流程。我们将飞蛾迭代寻找最优解的过程并行化，每只飞蛾的位置和寻找最优解的过程称为一个独立的并行单元。因此，n 只飞蛾构成 n 个独立的并行单元，使用 Spark 并行处理。

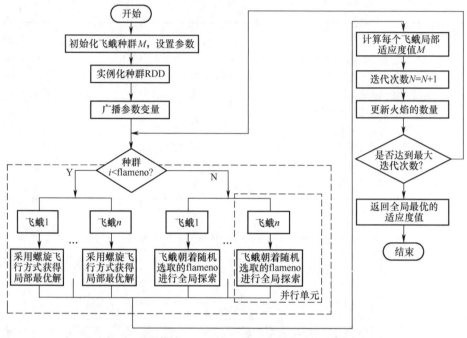

图 6.3　分布式 MFO 算法的流程

分布式 SPBMFO 算法的流程如图 6.4 所示。整个流程分为两部分：第一个部分（Part-1）为种群初始化过程；第二个部分（Part-2）为 Mapper 和 Reducer 阶段。

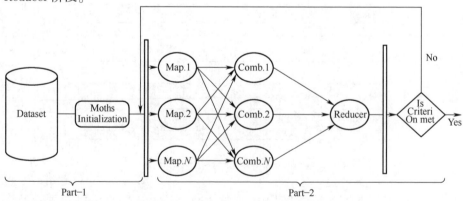

图 6.4　分布式 SPBMFO 算法的流程

Part-1 SPBMFO-Initialization：初始种群是由一个整数值向量随机生成的。在初始化种群参数后，计算每只飞蛾的初始适应度值，最终得到当前的最佳飞蛾位置。

表 6.2　SPBMFO- Initialization 算法伪代码

算法 6.2　SPBMFO- Initialization 算法

Input：p artitioned dataset ; output：initialized population

　　　　/ * initialize the moths population * /

begin

　　　1：　　for $i \leftarrow 1$ to n

　　　2：　　　for $j \leftarrow 1$ to d

　　　3：　　　　　$t \leftarrow (r - 1) * \text{rand} + 1$;

　　　4：　　　end for

　　　5：　　　/ * initialize the moths parameters * /

　　　6：　　　　$N \leftarrow 30$; $Max\_iteration \leftarrow 50$; $r \in [-2, -1]$;

　　　7：　　　　/ * computer the fitness for each moths ' m_i ' as per equation (1) * /

　　　8：　　　$M(i, j) = (\text{ub}(i) - \text{lb}(i)) * \text{rand}() + \text{lb}(i)$;

　　　9：　　　　OM $\leftarrow$ FitnessFunction(M) ;

　　　10：　　　current $f(f_{\text{best}}) \leftarrow f_{\text{best}}$;

　　　11：　　end for

end

　　Part-2 迭代过程：迭代的 Map 任务将在种群初始化完成后启动，每个 Map 函数按照格式（key，value）从本地输入中顺序读取每个分区的数据集，多个 Map 函数以并行模式运行，并且使用给定的分区数据集计算每只飞蛾的适应度值。表 6.3 给出了具体的伪代码。

表 6.3　SPBMFO- Mapper 算法伪代码

算法 6.3　SPBMFO- Mapper 算法

Input：key<input file offset, moths id >; value<partition instances , fitness of each moths>

begin

　　　1：　　for $i \leftarrow 1$ to n

　　　2：　　　/ * update the number of flames * /

　　　3：　　　flameno $= \text{round}\left(N - l\dfrac{N - 1}{T}\right)$

　　　4：　　　/ * evaluate current fitness value * /

　　　5：　　　$M(i, j) = (\text{ub}(i) - \text{lb}(j)) * \text{rand}() + \text{lb}(i)$;

　　　6：　　　key $\leftarrow$ (partition pos, m_i) ;

　　　7：　　　value $\leftarrow f_{\text{best}}$;

　　　8：　　　emit<key, value>;

　　　9：　　end for

end

Output：key<partition pos, moths pos >; value<new fitness value of each moths for its partition>;

接下来，由 m 个不同分区数据集的不同 Map 函数计算的适应度值，在有 n 只飞蛾的 Combiner 中求和。根据算法 6.4 获得整个数据集中每只飞蛾的平均适应度值。

表 6.4　SPBMFO-Combiner 算法伪代码

算法 6.4　SPBMFO-Combiner 算法

Input：key<partition pos, m_i >；value<f_{best} >

begin

　　1：　for $i \leftarrow 1$ to n

　　2：　　for $j \leftarrow 1$ to d

　　3：　　　$D_i = |F_j - M_i|$；

　　4：　　end for

　　5：　　$f_{\text{best}} \leftarrow f_{\text{best}} / (1+ \text{Att.} /100)$；　　／＊ $Att.$ ：instance Test. numAttributes ＊／

　　6：　　key $\leftarrow$ (partition pos, m_i)；

　　7：　　value$\leftarrow f_{\text{best}}$ ；

　　8：　　emit<key, value>；

　　9：　end for

end

Output：key<partition pos, moths pos >；value<new fitness of each moths for dataset D>；

最后，通过算法 6.5 获得（composite key, values）形式的组合器 Combiner 的发射值。飞蛾的下一个位置将会更新，并产生一个新的解。最好的解存储在最好的位置，并且将更新后的飞蛾位置和适应度值传递给下一次迭代。

表 6.5　SPBMFO-Reducer 算法伪代码

算法 6.5　SPBMFO-Reducer 算法

Input：key<partition pos, m_i >；value<f_{best} >；

begin

　　1：　for $i \leftarrow 1$ to n

　　2：　　for $j \leftarrow 1$ to d

　　3：　　／＊ Update the position of moths according to Flame ＊／

　　4：　　if ($i <=$ flame _ no)

　　5：　　　$S(M_i, F_j) = D_i \cdot e^{bt} \cdot \cos(2\pi t) + F_j$ ；

　　6：　　else

　　7：　　　$S(M_i, F_j) = D_i \cdot e^{bt} \cdot \cos(2\pi t) + F_{\text{flameno}}$ ；

　　8：　　end if

　　9：　end for

10：   / * rank the moths and find the current f_{best} * /

11：   key ← (partition pos， m_i) ；

12：   value← $f(f_{\text{best}})$ ；

13：   emit<key， value>；

14：   end for

end

Output：key<partition pos， moths pos >；value< $f(f_{\text{best}})$ >；

在满足条件之前，执行 Part-2 的第二部分。算法 6.6 给出了算法的整个伪代码。

表 6.6   SPBMFO 算法伪代码

算法 6.6   SPBMFO 算法

Input：Dataset D；

begin

1：   / * Initialize feature set fs * /

2：   fs ← φ ；

3：   / * population initialization * /

4：   call （SPBMFO- Initialization）；

5：   while（t<＝maximum _ iterations）

6：   Block←partition D；

7：   / * create m instance of map * /

8：   Map task ←m；

9：   call （SPBMFO- Mapper）；

10：   / * fitness   computation * /

11：   call （SPBMFO- Combiner）；

12：   / * f_{best} computation * /

13：   call （SPBMFO- Reducer）；

14：   end while

15：   fs← feature （best moths）；

end

Output：reduces dataset with selected features

6.2.2   改进的飞蛾扑火优化算法策略

1. 基于 Cauchy 跳跃种群初始化

一般传统的智能优化算法由种群的初始化、种群的迭代更新、全局最优和局部最优的判断三部分组成，缺一不可，并且每一部分的问题会造成算法易陷入几步最优、分类精度不高等，因此一般算法优化的改进都是针对这三部分进行的，并且也有多种改进的策略。为了提高算法的性能，提高种群初始化最优性，本章采用 Cauchy 分布策略来对种群进行初始化。Cauchy 分布允许搜索机制以更好的方式探索搜索空间，由于 Cauchy 分布的重尾结构，使基于 Cauchy 的随机数的性能优越，它可以使候选解跳出局部最小值并避免过早收敛。在通过位置更新之后的每次迭代中利用基于 Cauchy 的随机数，因为在初始阶段需要进行大量的搜索，所以此过程仅在最大迭代次数的前半部分进行。

$$M_i = M_i + \text{sign}(1 + \eta) \cdot C(x) \tag{6.12}$$

式中：$\text{sign}(1 + \eta)$ 可以取值为 1、0 和 -1。$\text{sign}(1 + \eta)$ 和 Cauchy 跳跃的联合可导致更大的步长随机游走。Cauchy 算子将使用 Cauchy 分布公式生成一个随机数，Cauchy 密度函数计算如下

$$f_{\text{Cauchy}(0,\,t)}(x) = \frac{1}{\pi} \frac{t}{t^2 + x^2}, \quad -\infty < x - \infty \tag{6.13}$$

2. 基于指数函数的非线性收敛因子

$S(M, F)$ 对于 MFO 算法进化过程中具有决定性的作用，在 MFO 算法中，S 为螺旋形函数。假设 t 是一个范围为 $[-r, 1]$ 的随机数，r 在迭代过程中从 -1 到 -2 线性减少，称为收敛因子。$S(M, F)$ 的大小取决于收敛因子 α 的变化，换句话说，如何协调 MFO 算法的全局搜索和局部搜索取决于收敛因子 α 的大小变化。由于 MFO 算法在迭代过程中呈现一种非线性的状态，因此，本章提出一种非线性动态收敛因子的策略，并且更新公式[115]如下：

$$a(t) = a_{\text{initial}} + (a_{\text{final}} - a_{\text{initial}}) \left[\left(1 - \frac{t}{t_{\max}} \right)^{k_1} \right]^{k_2} \tag{6.14}$$

式中：a_{initial} 和 a_{final} 分别为收敛因子 α 的初始值和终止值；t 为当前迭代次数；$t_{\max}$ 为最大迭代次数；k_1 和 k_2 为非线性调节系数。

在求解基本优化问题的过程中，基本的 MFO 算法通过更新操作决定算法的搜索方向以及局部搜索详细程度，通过螺旋逼近和螺旋飞行操作决定种群的多样性以及全局搜索性能。因此，本章通过以上两种改进策略对不同的步骤进行优化，来改善算法易陷入局部最优的问题，并提高算法的分类精度。经过改进的 MFO 算法的伪代码如表 6.7 所示。

表 6.7　改进的 MFO 算法伪代码

算法 6.7　改进的 MFO 算法

Input：Dimension reduction Data set.

begin

　1：Generate initial population of N moths using the chaotic initial strategy.

算法 6.7　改进的 MFO 算法

2：Initialize parameters Convergence factor initial value $a_{initial}$, Convergence factor termination value a_{final}, k_1, k_2, maximum number of iteration MaxItr.

3：Evaluate the fitness of each moths；

4：Calculate the number of flames by calculating the distance between the moth and its corresponding flame；

5：The convergence factor a and the convergence constant t are calculated；

6：while（iteration<MaxItr）

7：　　for each Moth i with i<n do

8：　　　　if（i <=flameno）//flameno number of flame

9：　　　　　　Update the position of the moths using the spiral flight method；

10：　　　end if

11：　　　if（i >flameno）

12：　　　　Update the position of the moths with respect to only one flame；

13：　　　end if

14：　　　 Calculate the fitness of each moths；

15：　　　　Upgrade the values of a, t, flameno；

16：　　end for

17：　　Using the mixing factor to generate a new optimal individual；

18：　　i=i+1；

19：end while

20：Return the optimal moths position and fitness；

end

Ouput：Optimal individual and fitness value.

6.2.3　基于 Spark 的改进飞蛾扑火优化算法

为了提高分类效率和算法的可效性，本章将改进的 MFO 算法简称为 IMFO 算法，进行了分布式化，这里简称为 SPIMFOS 算法。图 6.5 展示了分布式的 IMFO 算法流程。图 6.5 中的算法框架模型具体由两部分组成：第一部分是飞蛾种群的初始化；第二部分是 Mapper-Comber-Reducer 迭代过程，用来确定最优解。

6.2.4　实验结果分析

1. BMFO 算法实验结果分析

为了验证 BMFO 算法的有效性，实验数据选取来自 UCI 数据集[116]的三个

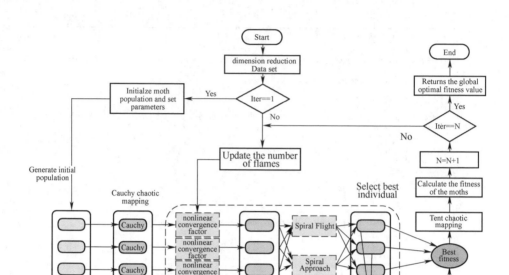

图 6.5 分布式的 IMFO 算法流程图

数据集，分别为 Wine、Glass 和 Ionosphere，大小分别为 178、214 和 351，在 10% 的 KDDCup99 数据集中随机选取大小为 16000 的数据集，并与二进制的 GA 算法、PSO 算法和 CS 算法进行对比，使用 SVM 分类器来证明算法的有效性。实验中的惯性权重为 [0.3, 0.5]。将 BMFO、BGA、BPSO 和 BCS 四种算法分别独立迭代运行 20 次。

由表 6.8 可知，相对于 BPSO、BGA 及 BCS 算法，BMFO 算法在各组数据集上选择了更少的特征个数，分别比 BPSO、BGA 及 BCS 少 12.5%、15% 和 2.5%。与其他算法相比，BMFO 算法的分类精度分别平均提高了 1.84%、2.34% 和 0.47%（见表 6.9）。证明了本章所提算法在保证最大化分类性能的同时最小化了特征个数。BMFO 算法的收敛速度明显传统的 MFO 算法，获得了较高的收敛精度，证明了本章所提 BMFO 算法的有效性。

表 6.8　数据集特征选择结果

数据集	BPSO	BGA	BCS	BMFO
	Att(Nof.)	*Att(Nof.)*	*Att(Nof.)*	*Att(Nof.)*
Wine	13 (6)	13 (6)	13 (4)	13 (4)

续表

数据集	BPSO	BGA	BCS	BMFO
	Att (_Nof._)	_Att_ (_Nof._)	_Att_ (_Nof._)	_Att_ (_Nof._)
Glass	10 (6)	10 (6)	10 (5)	10 (4)
Ionosphere	34 (10)	34 (14)	34 (8)	34 (7)
KDD CUP99	40 (14)	40 (15)	40 (10)	40 (9)

注：_Att_ ： the number of attributes；_Nof._ ： the number of selected features。

表 6.9   数据集的适应度值

数据集	Algorithm			
	BPSO	BGA	BCS	BMFO
Wine	0.9285	0.9255	0.9297	0.9348
Glass	0.8284	0.8113	0.8319	0.8389
Ionosphere	0.8457	0.8443	0.8669	0.8682
KDD CUP99	0.7909	0.7922	0.8193	0.8250

四种数据集的适应度值效果如图 6.6 所示。

综合表 6.9 和图 6.6，BMFO 算法的最优个体适应度值明显优于 BPSO、BGA 以及 BCS 算法，BMFO 算法的特征选择在一定程度上提高了种群空间的搜索性能以及算法分类性能的有效性。

2. SPBMFO 算法实验结果分析

具体实验环境中节点的属性信息见表 6.10。

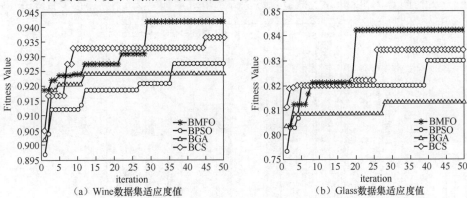

（a）Wine数据集适应度值　　　　　（b）Glass数据集适应度值

图 6.6   四种数据集的适应度值效果

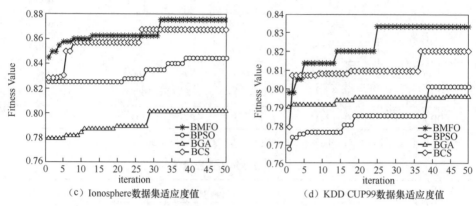

（c）Ionosphere数据集适应度值　　　　　（d）KDD CUP99数据集适应度值

图 6.6　四种数据集的适应度值效果（续）

表 6.10　节点的属性信息

属性名	属性值
节点个数	10
Hadoop 版本	2.7.4
Spark 版本	2.0.1
Spark 模式	Stand Alone
JDK 版本	1.8.0
节点 CPU	Intel（R）Core（TM）i5-7500 CPU 3.40GHz
节点内存	16G

分析图 6.7 和图 6.8，当节点数从 1 个节点增加到 2 个节点时，对于 100w

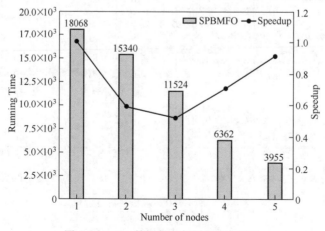

图 6.7　100w 数据集运行时间和加速比

的输入样本集而言，计算时间有 15% 的缩减，执行时间减少缓慢，说明加速比均不够理想。而当计算节点从 3 个增加到 4 个时，对于 100w 和 200w 的输入样本集而言，计算时间都有 50% 左右的缩减，加速效果明显。

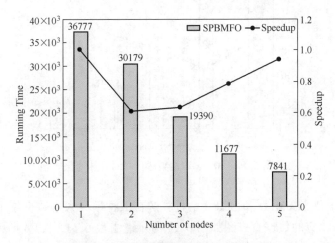

图 6.8　200w 数据集运行时间和加速比

分析图 6.9 和图 6.10，对于 500w 和 1000w 数据集，当节点数从 2 个增加到 3 个时，计算时间都有 50% 的缩减，符合 1：2 的比例；而当节点数增加到 4 个时，加速比接近 1，说明节点数在 4 个以上时，加速效果明显，算法的优化效果显著。

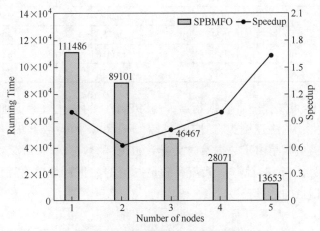

图 6.9　500w 数据集运行时间和加速比

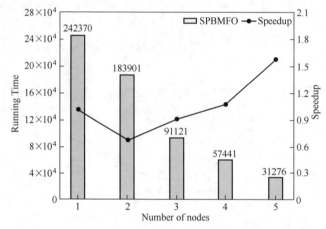

图 6.10   1000w 数据集运行时间和加速比

表 6.11 是 SPBMFO 和 BMFO 两种算法在四种不同大小数据集下的平均运行时间，其相应的数据直方图如图 6.11 所示。由表 6.11 中的数据可知，相对于 BMFO 算法，SPBMFO 算法大幅度提升了优化效率。由此可以得出，基于内存计算的 Spark 相较于基于 I/O java 框架在速度上具有非常明显的优势，即证明了本章采用 Spark 分布式 BMFO 算法的有效性。

表 6.11   平均时间记录表

数据集	运行时间/s		
	算法	算法	速度提升比
100w	3955	18068	456.84%
200w	7524	36777	488.80%
500w	23653	111486	816.57%
1000w	31276	242370	774.94%

由图 6.11 可知，随着数据集增大，SPBMFO 的优化效率更加明显。对于小样本数据集，算法速度提升比较小；对于 1000w 的大数据集，速度提升比反而下降了，主要是由于数据量过大导致 RDD 的数据分区增多，总计算量增大。这也说明了 Spark 计算框架需要满足一定的数据环境，另外也说明 Spark 不适合小数据量的计算。

3. IMFO 算法结果分析

为了验证 IMFO 算法的性能，本章采用 UCI 数据集，分别为 Wine、Glass 和 Ionosphere，大小分别为 178、214 和 351，在 10% 的 KDD CUP99 数据集中

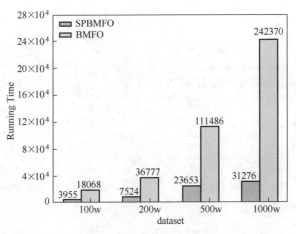

图 6.11　在数据集大小不同的情况下的运行时间对比

随机选取大小为 16000 的数据集, 并与 BMFO、GA、PSO、CS, 以及基本的 MFO 算法进行对比, 各个算法的参数设置情况见表 6.12, 它们在各个数据集下的分类结果见表 6.13, 相应的迭代收敛曲线如图 6.12 所示。

表 6.12　算法参数设置情况表

参数	PSO	GA	CS	MFO	IMFO
Population size（pop）	30	30	30	30	30
Number of iteration（itr）	50	50	50	50	50
Inertial constant（w）	0.5	—	—	—	—
Cognitive constant	1	—	—	—	—
Social constant	1	—	—	—	—
Gconstant（G0）	—	20	—	—	—
Alpha（α）	—	—	—	2	—
k1	—	—	—	—	2
k2	—	—	—	—	1
$a_{initial}$	—	—	—	—	2.5
a_{final}	—	—	—	—	1.5

表 6.13　最大适应度值显示表

Dataset	PSO	GA	CS	MFO	BMFO	IMFO
Wine	0.9285	0.9255	0.9297	0.9274	0.9348	0.9416
Glass	0.8284	0.8113	0.8319	0.8107	0.8389	0.8420
Ionosphere	0.8457	0.8443	0.8669	0.8650	0.8682	0.8682
KDD CUP99	0.7909	0.7922	0.8193	0.7982	0.8250	0.8437

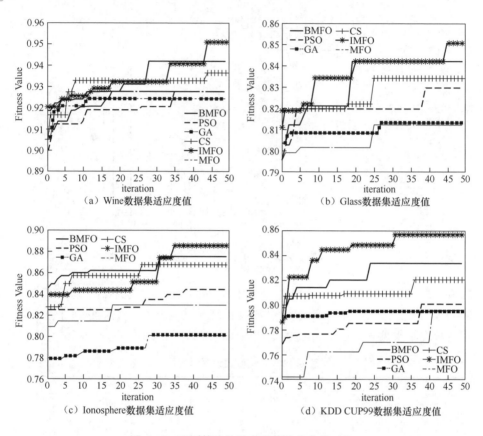

图 6.12　不同算法的适应度值收敛曲线对比

　　由表 6.13 可知，IMFO 算法具有较高的分类精度，在四种不同的数据集下，相对于 PSO、GA、CS、MFO 以及 BMFO 算法，采用混沌初始化策略的 IMFO 算法的分类精度分别平均提高了 3.55%、3.05%、1.19%、2.35% 和 0.07%。证明了采用混沌初始化策略能有效地提高 MFO 算法的分类性能。在 KDD CUP99 数据集中，IMFO 算法的分类精度优于其他对比算法，证明了 IMFO 算法在入侵检测中的有效性。

　　由图 6.12 可知，相对于 PSO、GA、CS、MFO 及 BMFO 算法，IMFO 算法获得更高的适应度值，并且 IMFO 算法很好地跳出局部最优的问题。综合表 6.13 和图 6.12 可知，不管是对于标准的 UCI 数据集，还是 KDD CUP99 入侵检测数据集，IMFO 算法均可获得较高的分类精度，并且算法能够在极短的迭代次数接近收敛，说明了 IMFO 算法在一定程度上提高了原 MFO 算法在求解空间内的搜索效率，在求解优化问题上具有良好的实用性。

6.3　基于 SPIMFO 算法在入侵检测中的应用研究

在目前的大数据环境下，不仅存在数据量大的问题，还存在数据维度高的难题。如何处理维度过高的数据也是一个很有研究意义的问题，20 世纪 80 年代就有学者提出对维度过高的数据进行降维的操作，以处理高维的数据。虽然有一定的效果，但是还是存在处理速度过慢的问题。随着技术的进步和发展，许多降维技术全面发展，如特征选择、特征提取和流行学习等。本章主要对其中的主成分分析（PCA）、局部线性嵌入（LLE）[117]和拉普拉斯特征映射（LE）[118]三种算法的理论进行介绍，通过对 PCA、LLE 和 LE 等流行算法在理论上的理解，认识其具体计算步骤，利用实验分析这些数据降维方法在入侵检测中的优缺点，并对这些算法给出相应的模拟实验。

■ 6.3.1　数据降维

随着计算机和数据库技术的迅速发展，数据以人类处理数据能力无法比拟的速度积累，数据集类型也发生了很大的变化，其主要的类型可以归纳为以下四种：海量数据、高维数据、高数据增长率和非结构的数据无法单独处理等。虽然数据的大量增长代表着互联网的快速发展，但是从另外一个角度说明我们仍然面临巨大的挑战。例如，如何从海量数据中挖掘、分析数据，最后为我所用。

■ 6.3.2　特征选择和特征提取

特征提取是通过特征变换改变向量空间的过程，通过特征变换获取数据的特征信息。假设原始特征矢量 X 中含有 N 个特征，即转换得到新的特征矢量 Y 中含有 M 个特征，则其关系为

$$X: (x_1, x_2, \cdots, x_N)^{\mathrm{T}} \to Y: (y_1, y_2, \cdots, y_M)^{\mathrm{T}}$$
$$(y_1, y_2, \cdots, y_M) = f(x_1, x_2, \cdots, x_N) \tag{6.15}$$

■ 6.3.3　降维技术

数据降维方法的基本思路是在输入空间中对样本数据进行某种变换操作，将高维样本数据映射到一个低维空间，最终在低维度空间得到关于原数据的一个低维表示。下面给出数据降维的数学描述。

（1）$X = \{x_i\}_{i=1}^{N}$ 表示 D 维空间中的一个样本集，$Y = \{y_i\}_{i=1}^{N}$ 表示

$d(d \ll D)$ 维空间中的一个数据集。

（2）降维映射 $M: X \rightarrow Y$，$x \rightarrow y = M(x)$，称 x 为 y 的低维表示。

1. LLE 算法

因为 PCA、LLE 降维技术已经被广泛应用于各种降维问题[119]，因此不进行详细的描述。本章主要采用拉普拉斯特征映射（LE）算法对高维度数据进行数据的降维工作。

2. LE 算法

LE 算法在将数据从高维映射到低维时，可以保证数据的特性不会改变，它的具体过程如图 6.13 所示。

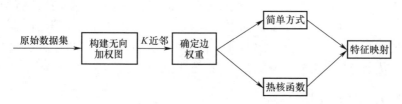

图 6.13 LE 算法将数据从高维映射到低维的过程

6.3.4 基于 SPIMFO-LE 算法的网络入侵检测模型

利用改进的 MFO 算法、Spark 分布式算法及数据降维的方法，构建了基于 SPIMFO-LE 算法的网络入侵检测模型，整个 SPIMFO-LE 算法的网络入侵检测模型过程主要分为四大模块，如图 6.14 所示。首先通过 SPIMFO-LE 算法训练程序提取样本数据库中预处理过的正常数据和入侵数据；然后将降维后的数据传入入侵检测模块执行基于 Spark 分布式的 IMFO 算法；最后根据仿真结果分析是否需要告警模块进行报警，以获得最终的 SPIMFO-LE 检测模型。

（1）入侵检测数据集合入侵检测泛化数据集组成入侵检测数据库。

（2）数据预处理阶段：对收集到的原始数据进行数值化、归一化处理。然后将 KDD CUP99 数据转换为 SVM 的输入向量形式。

（3）将处理过的网络入侵检测数据利用三种不同的降维方法进行数据降维处理，对降维后的数据进行入侵检测降维的测试，使用入侵检测常用的几种评判标准进行分析。

（4）对入侵建模降维数据集进行学习，利用 SPIMFO-LE 算法建立模型。

（5）使用建立好的模型对降维后的的测试数据集进行检测，告警模块通过结果作出相应的决策。

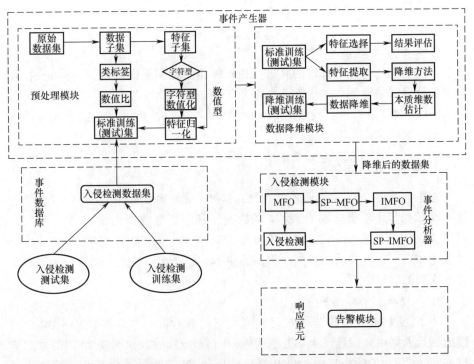

图 6.14　基于 SPIMFO-LE 算法的网络入侵检测模型

6.3.5　数据集及指标性能

1. 实验环境和数据获取

实验数据选取来自 KDD CUP99 入侵检测数据集，KDD CUP99 数据集经常用作网络入侵检测算法的仿真实验。因此本章对 KDD CUP99 数据集进行多方位、多角度的实验来验证算法的有效性。

2. 实验数据预处理

由于 KDD CUP99 数据集中的每个原始样本的各个属性之间的值属性形式各不相同，并且数据集中包含的各个属性的数据取值范围较大，因此需要进行统一的标准化处理，使用这些标准化的数据建立 SVM 分类模型进行训练。

将数据进行数值化处理之后，全部数据都变成了数值型，但在这 41 维特征中，每个数据的特征取值范围差异非常大，最大的达到 1，最小的只有 0。这样的结果必然会对多分类的结果产生非常大的影响，这样会导致特征对分类结果影响的差异性，因此将数据集输入到 SVM 中进行学习之前，需要对数据的所有特征都规范到区间 $[0, 1]$ 中[120]。

$$X' = \frac{X_{原始特征} - X_{原始特征最小值}}{X_{原始特征最大值} - X_{原始特征最小值}} \tag{6.16}$$

3. 实验评价标准

本章首先进行降维算法的有效性和入侵检测数据集的测试，来验证 LE 算法更加适合入侵检测数据集；其次将基于 Spark 平台的 IMFO 算法结合降维后的 KDD CUP99 数据集；最后对 SP-IMFO 算法进行性能评估，主要通过检测率、检测时间和误报率等进行测试。

▌6.3.6 实验结果分析

本小节通过 Python 仿真研究 PCA、LLE 和 LE 算法在入侵检测中的性能，从 10%数据集中随机选取了 12474 条数据，其中训练数据集 5012 个，测试数据集 7462 个。实验分别选取了 1000、2000、3000、4000 和 5000 个经过特征数值化和归一化处理后的数据作为训练样本。同样在测试集中选取若干个相同样本作为测试样本。

1. 入侵检测实验结果分析

为了证明 LE 算法构建的入侵检测模型的有效性，本章将 KDD CUP99 入侵检测数据集中，设计了大小分别为 1000 到 10000 的数据（共 10 组的数据集样本）。在相同的数据集中，将 PCA、LLE 和 LE 算法的入侵检测模型进行对比。这三种降维算法对不同入侵检测类型的检测结果见表 6.14~6.16，对应算法的入侵检测时间见表 6.17。对应算法的入侵检测正确率、误报率、漏报率和入侵检测时间如图 6.15~图 6.18 所示。本章采用正确率、误报率、漏报率及检测时间作为评价指标，它们分别定义如下：

$$正确率 = \frac{检测出的入侵样本数}{入侵样本总数} \times 100\% \tag{6.17}$$

$$误报率 = \frac{被误报为入侵的正常样本数}{正常样本总数} \times 100\% \tag{6.18}$$

$$漏报率 = \frac{异常被错认为正常样本数}{异常样本总数} \times 100\% \tag{6.19}$$

表 6.14 不同降维算法的入侵检测正确率

数据集	1000	2000	3000	4000	5000	6000	7000	8000	9000	10000
PCA	80.49	81.72	82.21	83.3	83.17	82.79	82.48	82.29	82.75	82.93
LLE	80.7	81.67	82.64	83.53	83.71	83.89	8.17	84.41	84.5	84.67
LE	81.31	83.46	84.43	85.14	85.73	85.3	84.85	84.16	84.67	85.36

表 6.15　不同降维算法的入侵检测误报率

数据集	1000	2000	3000	4000	5000	6000	8000	9000	10000
PCA	10.04	10.29	10.57	10.53	10.5	10.37	10.17	10.2	10.35
LLE	9.87	9.89	9.91	9.88	9.84	9.8	9.88	9.9	9.92
LE	8.89	9.15	9.38	9.51	9.53	9.58	9.63	9.65	9.72

表 6.16　不同降维算法的入侵检测漏报率

数据集	1000	2000	3000	4000	5000	6000	7000	8000	9000	10000
PCA	6.41	6.45	6.57	6.68	6.85	6.87	7.14	7.08	7.01	6.82
LLE	6.47	6.5	6.57	6.58	6.6	6.62	6.64	6.62	6.57	6.55
LE	5.94	6.13	6.28	6.36	6.39	6.43	6.41	6.33	6.29	6.24

表 6.17　不同降维算法的入侵检测时间

数据集	1000	2000	3000	4000	5000	6000	7000	8000	9000	10000
PCA	103	171	208	286	345	353	402	459	517	629
LLE	102	173	208	258	289	321	360	407	435	478
LE	101	173	208	249	263	288	305	334	427	474

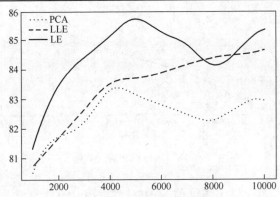

图 6.15　入侵检测正确率效果

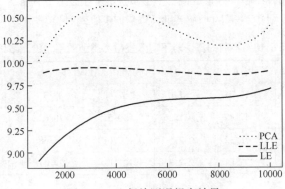

图 6.16　入侵检测误报率效果

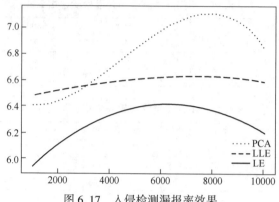

图 6.17　入侵检测漏报率效果

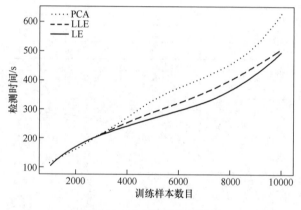

图 6.18　入侵检测时间效果

从表 6.18 可知，相比降维前的 MFO 算法和 IMFO 算法，使用降维后的 IMFO 算法获取的准确率明显提高，检测时间也有显著的降低，特别是使用 LE 算法降维后的数据集取得的准确率明显高于其他两种降维方法。

表 6.18　不同的算法对不同入侵检测类型的平均检测结果

数据集	评价指标	PSO	MFO	IMFO	IMFO-PCA	IMFO-LLE	IMFO-LE
4000	rate/%	79.71	81.07	82.48	83.3	83.53	85.14
	FN/%	12.17	11.36	10.51	10.03	9.88	8.91
	FP/%	8.12	7.57	7.01	6.68	6.58	5.94
	检测时间/s	237.6	232.36	227.8	224.47	223.65	219.66

续表

数据集	评价指标	PSO	MFO	IMFO	IMFO-PCA	IMFO-LLE	IMFO-LE
8000	rate/%	79.28	80.77	81.38	82.29	83.41	84.16
	FN/%	12.43	11.54	11.16	10.62	9.95	9.5
	FP/%	8.29	7.69	7.44	7.08	6.63	6.33
	检测时间/秒	584.2	590.68	626.52	508.68	506.69	494.94
16000	rate（%）	79.09	81.73	82.13	82.87	83.52	83.99
	FN（%）	12.55	10.95	10.72	10.27	9.88	9.6
	FP（%）	8.36	7.3	7.15	6.84	6.59	6.41
	检测时间/秒	1581.84	1664.25	1631.56	1141.61	1104.29	1099.1

2. SPIMFO 算法实验结果分析

本次实验利用 LE 算法降维后的数据集进行测试。然后 KDD CUP99 数据集进行扩充，扩充后的数据集大小分别为 10W、20W、50W、100W、200W、500W 和 1000W。为方便起见，将本章提出的基于 Spark 分布式的改进飞蛾扑火优化算法（SP-IMFO）与 SP-MFO 和 MFO 算法进行比较，参数的设定也同样不变。本实验在 Spark 分布式、节点为 5 个的环境下测试 SP-IMFO 算法，针对降维后和降维前的数据集独立运行 10 次，记录平均运行时间和加速比，具体分析见表 6.19。

表 6.19　算法的运行时间对比

数据集	MFO	MFO-LE	SPMFO	SPMFO-LE	IMFO	IMFO-LE	SPIMFO	SPIMFO-LE
10	4845	1876	1528	1165	4575	1957	1140	935
20	6950	2819	1865	1413	6828	2961	1591	1336
50	16634	4310	3041	2689	16129	4457	3543	2714
100	18413	6258	4661	3509	19754	6754	4365	3565
200	40439	28256	8746	5248	35942	28256	8030	5023
500	72688	53457	15023	12651	73571	54836	14996	11256
1000	182735	174836	31256	23524	144962	119836	28996	22071

（1）算法的效率。该实验对比分析了 MFO-LE、IMFO-LE、SPMFO-LE 和 SPIMFO-LE 四种算法在选取 10 和 20 两个数据集上的执行效率，如图 6.19 和图 6.20 所示。

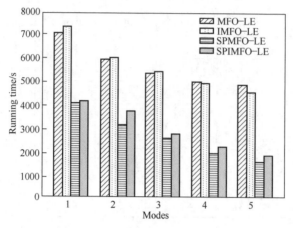

图 6.19　10w 数据集执行效率对比

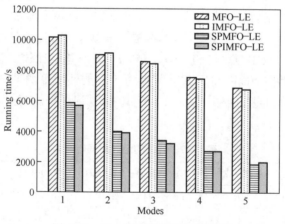

图 6.20　20w 数据集执行效率对比

由图 6.19 和图 6.20 可知，在数据集大小和节点一致的情况下，SPIMFO-LE 算法相比于其他几种算法，运行时间有明显的降低，特别是分布式的算法相比于单机版算法，在运行效率上具有更大的优势，这也体现了 Spark 内存计算对智能优化算法的性能提升。

（2）加速比。该实验对比分析了 SPIMFO-LE 算法在几种不同大小数据集下的加速比，图 6.21（b）对比了四种算法在同一数据集的加速比，具体的情况如图 6.21 所示。

图 6.21（a）显示了 SPIMFO-LE 算法在不同数据量下的加速比性能，由

图 6.21 (a) 可知，小数据量对于大数据计算框架来说，只会增加平台的内存压力，和单机的数据处理没有多大差异，只有在大数据量的情况下，大数据计算框架才会发挥其作用，主要原因是在小数据量处理时，Spark 计算框架会利用全部的性能来处理很小的数据，这样只会增加处理时间，没有起到大数据计算框架应该发挥的作用。图 6.21 (b) 对 4 种并行化算法处理 100 数据集时的加速比进行了比较，两种算法的加速比性能要明显优于单机算法，当输入数据规模较小时，对于经过数据降维后的数据集，算法的运行时间会有所减少。

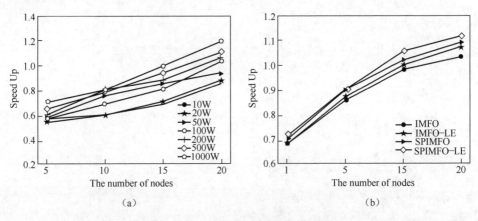

(a)　　　　　　　　　　(b)

图 6.21　不同算法的加速比对比图

（3）可扩展性。本实验在节点相同的情况下，随着数据集的增加，四种算法运行时间的结果如图 6.22 所示。

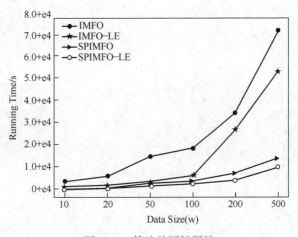

图 6.22　算法的可扩展性

由图 6.22 可知，当输入数据的规模增大时，IMFO、IMFO-LE、SPIMFO 和 SPIMFO-LE 四种算法的运行时间随之增加。基于 Spark 平台的 SPIMFO 和 SPIMFO-LE 算法比其他两种算法表现出更好的可扩展性。当输入数据规模较小时，对于经过数据降维后的数据集，算法的运行时间会有所减少。

■ 第 7 章 ■

基于 Spark 的分布式蚁狮算法

7.1   交通流的大数据分析和预处理

■ 7.1.1   交通流量数据集来源

　　行驶的车辆和行人具有相似的流体流动特性，并且在一定时间内的交通和行人流量称为交通流量。以引导行车合理出行，积极改善驾驶者心理感受为目的，ITS 在监测、采集、分析和辅助决策前，会将电子检测和数据通信传输集成到相对完整的基础架构中。交通公路系统内包含多个特征，如随机变化、非线走向和不能确定等，并且是相互关联和相互作用的有机体，因此交通流量预测必须是及时、高效、健壮和适应性强的。短期车流量的估测对实际中交通部门的指导出行意义重大。短期预报通常意味着 5~15 分钟的时间间隔。随着非线性和不确定性的增加，也变得更加难以预测。因此，公路上未来时间单个点且步长为 5 分钟的估测将是本章深入探讨的重点话题。

　　在本章中，使用的数据集来源于美国加州道路监测评估平台 PeMS。

■ 7.1.2   模型性能估测对比评价标准

　　以下几种评估公式[121][122]将在后文仿真分析中作为主要观测指标。

$$\text{MAPE} = \frac{1}{n} \sum_{i=1}^{n} \left| \frac{y_{pi} - y_i}{y_i} \right| \tag{7.1}$$

$$\text{MAE} = \frac{1}{n} \sum_{i=1}^{n} \left| y_{pi} - y_i \right| \tag{7.2}$$

$$\text{MSE} = \frac{1}{n} \sum_{i=1}^{n} \left(y_{pi} - y_i \right)^2 \tag{7.3}$$

$$RMSE = \sqrt{\frac{\sum\limits_{i=1}^{n}(y_{pi} - y_i)^2}{n}} \qquad (7.4)$$

$$EC = 1 - \frac{\sqrt{\sum\limits_{i=1}^{n}(y_{pi} - y_i)^2}}{\sqrt{\sum\limits_{i=1}^{n}(y_{pi})^2} + \sqrt{\sum\limits_{i=1}^{n}(y_i)^2}} \qquad (7.5)$$

$$R^2 = 1 - \frac{\sum\limits_{i=1}^{n}(y_{pi} - y_i)^2}{\sum\limits_{i=1}^{n}(y_{pi} - \bar{y})^2} \qquad (7.6)$$

式中：y_{pi} 表示 t 时刻模型的预测输出值；y_i 表示 t 时车流量的真实值；n 表示全部待估计的数据量；MAPE 表示平均绝对百分比误差；MAE 表示模型平均绝对误差；MSE 表示均方根误差；RMSE 表示均方根误差，都是值越小，误差也就越小，预测精度越高；EC 表示均等系数；R^2 表示模型对非线性曲线的拟合程度。

7.1.3 交通流的可预测性分析

短期公路车流时间序列估测模型是以公路车流的预测可执行性为基础，具体是指对未来相邻阶段的实际可能车流状态，利用采集到的过往道路车流数据进行精确估测的程度。虽然交通流时间序列受到很多不确定因素影响，但是其在较短时间段内呈现出很丰富的内部规律，这是一种介于随机性和确定性的现象，又称为混沌[123][124]。通常观测李雅普诺夫指数（Lyapunov）数值，以测试短期车流量特征是否隐含混沌序列特性。如果收集到的数据含有混沌序列特性，则表明交通流在短期时间上是可预测性的。具体操作流程如图 7.1 所示。

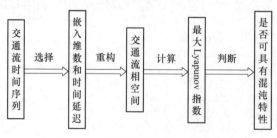

图 7.1　交通流可估测性评判流程

（1）选择 C–C 算法[125][126][127]为一维数据的高维复杂构造选择映射阶数和时长偏移。如图 7.2 和图 7.3 所示，最终得到时长偏移 $\tau = 24$，映射阶数 $m = 9$。

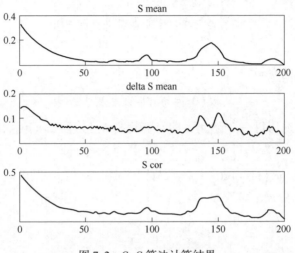

图 7.2　C–C 算法计算结果

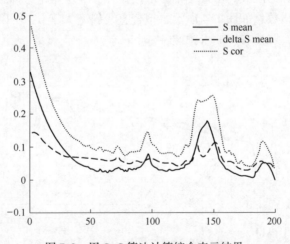

图 7.3　用 C–C 算法计算综合表示结果

（2）令 Lyapunov 运算结果为 L'，如果 $L' > 0$，则道路车流数据具有混沌特性；否则没有。

在选择映射阶数和时长偏移时，本章将 C–C 算法合并到小数据量方法中[128]，其具体计算遵循以下步骤。

（1）使用离散傅里叶级数变换处理所用短期车流数据序列，得到序列为 $\{x_1, x_2, \cdots, x_n\}$，求出平均轨道周期 T。

（2）借助 C-C 算法求取（1）中所得结果序列的时长偏移 τ 和映射阶数 m。

（3）根据（2）中所得参数将序列映射到高维空间，为 $\{X_j \mid j = 1, 2, \cdots, m\}$。

（4）在新的空间中找到与点 X_j 距离最近的点 $\hat{X}_j$，进行计算，即

$$d_j(0) = \min \| X_j - \hat{X}_j \| \tag{7.7}$$

（5）依次遍历每一个点 X_j，经计算得到 $\hat{X}_j$ 经过 $i\Delta t$ 间隔后得到距离为

$$d_j(i) = \| X_{j+i} - \hat{X}_{j+i} \| = C_j \mathrm{e}^{\lambda_1(i\Delta t)} \tag{7.8}$$

（6）得到 $\mathrm{Ind}_j(i) = \mathrm{In}C_j + \lambda_1(i\Delta t)$，对每一个 i，求出全部 j 对应的 $\mathrm{Ind}_j(i)$ 的平均值 $y(i)$

$$y(i) = \frac{1}{q\Delta t} \sum_{j=1}^{q} \mathrm{Ind}_j(i) \tag{7.9}$$

由式（7.9）可知，q 是非零 $\mathrm{Ind}_j(i)$ 的数目，并观察 $i\Delta t - y(i)$ 折线图中表现为直线走势的区域。由最小平方法运行计算，所得结果即斜率就是所需的 Lyapunov 最大指数，如图 7.4 所示，拟合直线斜率大于 0，所以该交通流序列具有混沌特性，即具有短期可预测性。

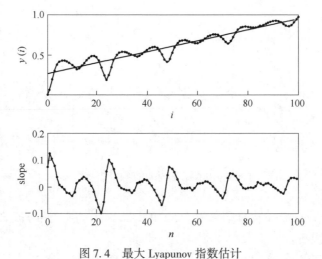

图 7.4　最大 Lyapunov 指数估计

▍7.1.4　小波神经网络

由上文研究可得，交通流时间序列存在混沌的现象，表明交通流时间序列变化的非线性和不确定性是来自内部的随机性和外部的噪声共同作用的结果。传统的预测模型已经满足不了交通系统研究和工程中的各项指标，已有越来越多的学者开始使用人工智能神经网络模型进行交通流的分析预测，也取得了显著的效果。

神经网络（NN）[129-132]模仿人体内大脑单元的学习方式，并具备处理和学习的能力，所以，该结构被大量应用在如人脸识别和序列估计等各个方面。不同形态的网络模型大约已有几十种，如 BP 网络[133]、RBF 网络[134]、Elman 神经网络 Hopfield 网络[135]和 WNN（小波神经网络）[136]等。一般来讲，这种处理模式仅用确定输入和输出的尺寸，就可以在两者之间建立复杂的关系映射，所以，近年来被大量应用于短期公路车流量的估计上，并且由于小波网络相比于 BP 网络，能够更好地挖掘序列的时频域特征，在序列估计方面呈现更良好的预测精度，所以，本章在短期估计车流量应用上采用小波神经网络来拟合其内在关系。WNN 以经典的 BP 网络结构为模板，各个层之间的传递函数使用小波映射函数作为主要限制。小波神经网格结构如图 7.5 所示。

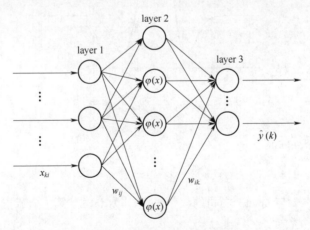

图 7.5　小波神经网络结构

其中，x_{ki} 表示第 k 个样本的第 i 个分量；layer1、layer2 和 layer3 表示网络层数；权值 w_{ij} 表示连接 layer1 到 layer2；权值 w_{jk} 表示连接 layer2 到 layer3；$\varphi(x)$ 为小波映射函数；$\hat{y}(k)$ 为网络输出层的输出。

当一条数据 $\{x_i \mid i = 1, 2, \cdots, n\}$ 进入模型时，隐含层运行规则为

$$\varphi(j) = \varphi\left[\frac{\sum_{i=1}^{n} w_{ij}x_i - b_j}{a_j}\right], \ j = 1, \ 2, \ 3, \ \cdots, \ l \qquad (7.10)$$

式中：$\varphi(j)$ 表示 layer2 层第 j 个节点的输出值；w_{ij} 是前一层间的权值；b_j 为小波映射函数 $\varphi(j)$ 的平移因子；a_j 为小波映射函数 $\varphi(j)$ 的伸缩因子；l 为隐含层上的节点个数。

本章选择使用 Morlet 母小波映射函数，其运算规则为

$$y = \cos(1.75x)\,\mathrm{e}^{\frac{x^2}{2}} \qquad (7.11)$$

Morlet 母小波函数图形如图 7.6 所示。

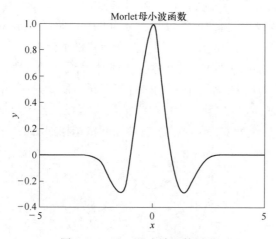

图 7.6　Morlet 母小波函数图形

最后一层运算公式为

$$\hat{y}(k) = \sum_{j=1}^{h} w_{jk}\varphi(j) \qquad (7.12)$$

式中：w_{jk} 为 layer2 与 layer3 之间的权值；$\varphi(j)$ 为 layer2 第 j 个节点的输出值；h 为 layer2 节点个数。

在小波网络权重校正过程中，同样采用基于梯度计算的过程，修正过程如下。

（1）计算网络误差。

$$e = \frac{1}{2}\sum_{k=1}^{m}(\hat{y}(k) - y(k))^2 \qquad (7.13)$$

式中：m 为样本数；$\hat{y}(k)$ 为预测输出；$y(k)$ 为小波神经网络期望输出。

（2）按照损失评价公式 e 适当修正网络层间的桥接矩阵和小波映射函数中的系数。

$$w_{ij}^{(t+1)} = w_{ij}^{(t)} - \eta \frac{\partial e}{\partial w_{ij}^{(t)}} \tag{7.14}$$

$$w_{jk}^{(t+1)} = w_{jk}^{(t)} - \eta \frac{\partial e}{\partial w_{jk}^{(t)}} \tag{7.15}$$

$$a_j^{(t+1)} = a_j^{(t)} - \eta \frac{\partial e}{\partial a_j^{(t)}} \tag{7.16}$$

$$b_j^{(t+1)} = b_j^{(t)} - \eta \frac{\partial e}{\partial b_j^{(t)}} \tag{7.17}$$

式中：t 为训练次数；η 为学习效率。

7.2　基于蚁狮优化算法 WNN 的短期道路车流量估测

■7.2.1　基于 WNN 的短期道路车流量估测

本章首先使用传统 WNN 经过梯度计算调整训练的方式对道路车辆流进行短期估测。已有文献证明，三层深度网络结构已经能够模拟多数复杂关系，所以本章具体实验所用网络结构设计为 9-6-1，其中，输入单元为 9（根据序列的映射阶数而来）；隐藏层单元数量为 6（根据个人经验选择设计），属于模型超参数调节范围；输出单元为 1（估计下一时刻车流量数据）。基于 WNN 的短期车流量估测步骤示意图如图 7.7 所示。

WNN 预测算法如下。

（1）采集交通流数据。

（2）预先清理即将估测的序列集合。具体包括数据修复、小波降噪以及相空间重构。设置训练样本量为 55000，测试样本量为 1000。高维特征构造采用 C-C 算法，求得映射阶数 m 为 9，时长偏移 τ 为 24。

（3）数据归一化，然后按照学习和测试的不同目的分割数据集合。

（4）随机设置所用小波映射函数的缩放参数 a_k、平移参数 b_k 以及各层之间的连接矩阵 w_{ij}、w_{jk}，最后设置算法调整的学习频率值为 η。

（5）将训练数据依次输入模型，并计算模型的估计值和实际值之间的均方误差。

（6）按照损失函数 e 对各个参数求解对应的梯度值，用于校正模型中的权值矩阵和小波映射函数中的参数，驱动模型的估计值贴近实际值。

（7）判断算法是否结束，若没有，则返回（5）。模型训练如果要提前结束，则只需满足指定范围的精度误差即可。训练结束的条件为满足以下标准之一：训练次数达到 100 次或误差小于 1/10000。

（8）输入测试数据集。

（9）测试 WNN。训练好的模型按照测试集再次计算对应的估计结果，然后与实际结果相互比较，并计算各项评价指标。

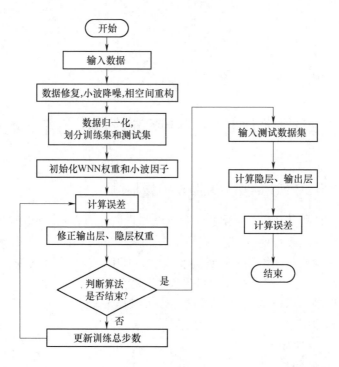

图 7.7　基于 WNN 的短期道路车流量估测步骤示意图

基于 WNN 的短期道路车流量估测算法伪代码如表 7.1 所示。

表 7.1　基于 WNN 的短期道路车流量估测算法伪代码

算法 7.1　基于 WNN 的短期道路车流量估测算法
输入：训练集 $D = \{(x_k, y_k) \mid k = 1, 2, \ldots m\}$，学习率 η
begin
1：在（0, 1）范围内随机初始化网络中的所有连接权值和阈值
2：repeat

续表

算法 7.1　基于 WNN 的短期道路车流量估测算法

3：for all $(x_k, y_k) \in D$ do $y(k) \leftarrow \sum_{i=1}^{l} w_{jk} \cdot \varphi(j)$

4：$\qquad e = \frac{1}{2} \sum_{k=1}^{m} (\hat{y}(k) - y(k))^2$

5：$\qquad w_{ij}^{(t+1)} = w_{ij}^{(t)} - \eta \frac{\partial e}{\partial w_{ij}^{(t)}}$

6：$\qquad w_{jk}^{(t+1)} = w_{jk}^{(t)} - \eta \frac{\partial e}{\partial w_{jk}^{(t)}}$

7：$\qquad a_j^{(t+1)} = a_j^{(t)} - \eta \frac{\partial e}{\partial a_j^{(t)}}$

8：$\qquad b_j^{(t+1)} = b_j^{(t)} - \eta \frac{\partial e}{\partial b_j^{(t)}}$

9：end for

10：until 达到停止条件

end

输出：连接权值或阈值确定的多层前馈神经网络

最后基于 WNN 模型的估计结果和实际值对比如图 7.8 和图 7.9 所示。

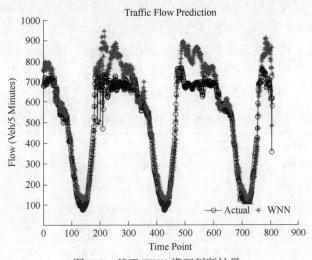

图 7.8　基于 WNN 模型判断结果

图 7.8 所展示的指标依次为 MAPE = 16.3962，MAE = 67.2010，MSE = 7793.0035，RMSE = 88.2780，EC = 0.9246，R^2 = 0.8439。由图 7.8 观察得出，传统训练方式下的 WNN 模型能够对短期车流序列的总体趋势及变化性得到比

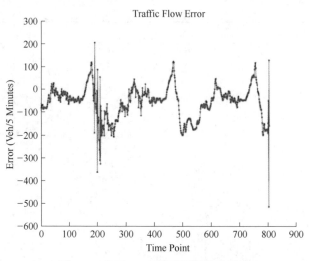

图 7.9　基于 WNN 模型预测偏差示意

较合理的估计。从图 7.9 观察得出，误差变化没有产生过大波动，误差峰值出现在所估计数据的极值处。虽然训练后的小波映射算法模型可以拟合所选短期车流的总体变化规律，但是由于模型存在对随机权重和小波变化参数的初始值敏感的问题，使用随机分配将导致训练后的模型在短期流量的估计上显得不够精准。即使在模型所需训练数据数量足够时，也会发生这种误差，这是因为训练中的模型权重和小波函数参数无法充分挖掘所得序列数据内部的所有隐藏变化规律，以上即对 WNN 模型的预测结果的全面分析。表 7.2 为基于 WHN 模型对数据集进行 15 次短期道路车流量的预测误差分析结果。

表 7.2　基于 WNN 模型对数据集进行 15 次短期道路车流量的预测误差分析结果

实验次数	MAPE	MAE	MSE	RMSE	EC	R^2
1	23.0049	42.8701	3767.5060	61.3800	0.9438	0.9245
2	19.8749	78.1105	9312.1504	96.4995	0.9123	0.8135
3	22.3070	90.4017	14299.1444	119.5790	0.8836	0.7136
4	22.8096	74.3686	8213.0382	90.6258	0.9162	0.87355
5	51.4300	146.0750	26468.5611	162.6916	0.8603	0.4699
6	20.9778	90.4478	12770.3015	113.0058	0.9022	0.7442
7	27.4102	127.1207	21132.4783	145.3701	0.8793	0.5768
8	19.8047	94.6942	14515.3365	120.4796	0.8934	0.7093
9	16.0792	75.6013	13581.9824	116.5418	0.8896	0.7280

续表

实验次数	MAPE	MAE	MSE	RMSE	EC	R^2
10	22.3185	114.7117	21295.7253	145.9305	0.8718	0.5735
11	16.3962	67.2010	7793.0035	88.2780	0.9246	0.8439
12	23.9547	100.4172	13801.2233	117.4786	0.8908	0.7236
13	29.6441	87.2551	10844.1658	104.1353	0.9029	0.7828
14	27.0069	79.3270	10805.0104	103.9472	0.9022	0.7836
15	21.3450	106.3432	20477.8363	143.1008	0.8677	0.5899
平均值	24.2900	91.6630	13938.4976	115.2690	0.8960	0.7208

由于 WNN 模型在训练过程中基于梯度下降算法进行寻优，该算法对参数初始值的要求很高，若初始值选择不当，则很容易陷入局部最优，造成模型训练结果不稳定等，后面将针对 WNN 中存在的缺陷进行研究和改进。

7.2.2　蚁狮算法

近些年来，出现了诸如 GA 算法和 PSO 算法等各种优秀的群搜索学习算法。智能学习算法由于其独特的研究方法和良好的搜索能力，而被广泛应用于改善神经网络的参数。使用群智能仿生寻优计算来改进小波映射模型，以在短期内估计交通流量，主要是使用群智能计算来改善网络层间的连接数值以及层间所选小波映射函数内的参数等数据。例如，WNN 被 GA 算法优化的道路车流量估测[137]，WNN 被 PSO 算法优化的道路车流量估测[138]。

受上述观点的影响，本章将引入一种新的群体仿生演化算法——蚁狮优化（Ant Lion Optimier，ALO）算法。与 GA 算法和 PSO 算法相比，该算法具有可调参数较少、求解精度较高等特点。通过模仿大自然中蚁狮追捕蚂蚁的过程，蚁狮算法的规则步骤被学者 Mirjalili 提出并建立[139]。目前该算法已被广泛应用于多个工程领域，如天线布局优化[140]、多目标工艺设计[141]和电力系统负荷调整算法优化[142]。

1. 蚁狮算法原理

（1）蚁狮建立"陷阱"。

按照适应度值，借助随机选择算法在上一代蚂蚁中挑选个体。被选中的个体将和最优蚁狮联合建立"陷阱"。在迭代过程中，蚂蚁和蚁狮的适应度值分别保存在以下矩阵中。

$$M_{\mathrm{Ant}} = \begin{bmatrix} A_{11} & A_{12} & \dots & A_{1d} \\ A_{21} & A_{22} & \dots & A_{2d} \\ \vdots & \vdots & \vdots & \vdots \\ A_{n1} & A_{n2} & & A_{nd} \end{bmatrix} \tag{7.18}$$

$$M_{\mathrm{FAnt}} = \begin{bmatrix} f(\begin{vmatrix} A_{11} & A_{11} & \dots & A_{1d} \end{vmatrix}) \\ f(\begin{vmatrix} A_{21} & A_{22} & \dots & A_{2d} \end{vmatrix}) \\ \vdots \\ f(\begin{vmatrix} A_{n1} & A_{n2} & \dots & A_{nd} \end{vmatrix}) \end{bmatrix} \tag{7.19}$$

$$M_{\mathrm{AntLion}} = \begin{bmatrix} AL_{11} & AL_{12} & \cdots & AL_{1d} \\ AL_{21} & AL_{22} & \dots & AL_{2d} \\ \vdots & \vdots & \vdots & \vdots \\ AL_{n1} & AL_{n2} & \dots & AL_{nd} \end{bmatrix} \tag{7.20}$$

$$M_{\mathrm{FAntLion}} = \begin{bmatrix} f(\begin{vmatrix} AL_{11} & AL_{11} & \dots & AL_{1d} \end{vmatrix}) \\ f(\begin{vmatrix} AL_{21} & AL_{22} & \dots & AL_{2d} \end{vmatrix}) \\ \vdots \\ f(\begin{vmatrix} AL_{n1} & AL_{n2} & \dots & AL_{nd} \end{vmatrix}) \end{bmatrix} \tag{7.21}$$

式中: M_{Ant} 和 M_{AntLion} 分别为蚂蚁和蚁狮的位置矩阵; M_{FAnt} 和 M_{FAntLion} 分别为蚂蚁和蚁狮的适应度值矩阵; n 为种群数量; d 为种群中每个个体的维度; $f(x)$ 为针对个体的适应评价函数。

（2）蚂蚁随机游走。

按照上述公式衍生出四处巡游的蚂蚁群落:

$$X(t) = [0, \mathrm{cumsum}(2r(t_1 - 1), \mathrm{cumsum}(2r(t_2 - 1), \\ \cdots, \mathrm{cumsum}(2r(t_n - 1))] \tag{7.22}$$

式中: cumsum 是蚂蚁群体巡游路径累积总和; n 是最大种群进化频数; t 是当前迭代计数; $r(t)$ 取值 0 或 1, 公式为

$$r(t) = \begin{cases} 1, & r > 0.5 \\ 0, & fr \leqslant 0.5 \end{cases} \tag{7.23}$$

为了确保寻优个体在指定方案区域内移动, 游走位置必须被限制在规定范围内:

$$x_i^t = \frac{(x_i^t - a_i)(d_i^t - c_i^t)}{b_i - a_i} \qquad (7.24)$$

式中：a_i 和 b_i 为寻优路径中第 i 个维度值的下限和上限；c_i^t 和 d_i^t 为第 t 代第 i 个维度值的下限和上限；x_i^t 表示第 t 次迭代蚁狮第 i 维的位置。

（3）蚂蚁初次遇见蚁狮。

蚁狮群体诱捕巡游的蚂蚁时，会影响蚂蚁的选择，即蚂蚁巡游地域的边线范围受蚁狮当前状态的制约

$$\left. \begin{array}{l} c_i^t = AL_i^t + c^t \\ d_i^t = AL_i^t + d^t \end{array} \right\} \qquad (7.25)$$

式中：c^t 和 d^t 分别为第 i 代全部维度值中统一的下限和上限；c_i^t 和 d_i^t 分别为第 i 只巡游个体的全部维度值中的下限和上限；AL_i^t 是第 i 代选中的第 j 个蚁狮。

（4）蚁狮制约蚂蚁。

只要蚂蚁在巡游过程中陷入蚁狮周围的沙穴内，为了防止蚂蚁个体逃脱，蚁狮会调整沙穴，迫使其落到底部。整个过程中蚁狮始终在影响蚂蚁的巡游范围

$$\left. \begin{array}{l} c^t = \dfrac{c^t}{I} \\ d^t = \dfrac{d^t}{I} \end{array} \right\} \qquad (7.26)$$

$$I = 10^w \frac{t}{T_{\max}} \qquad (7.27)$$

$$w = \begin{cases} 2 & t > 0.10 T_{\max} \\ 3 & t > 0.50 T_{\max} \\ 4 & t > 0.75 T_{\max} \\ 5 & t > 0.90 T_{\max} \\ 6 & t > 0.95 T_{\max} \end{cases} \qquad (7.28)$$

式中：t 为当前演化计数；$T_{\max}$ 为演化次数上限；w 为蚂蚁的速度调节因子。

（5）蚁狮重筑陷阱。

如果蚁狮群体中某个适应度值出现了低于巡游蚂蚁的个体的情况，则该巡游个体为新的精英；如果被捕捉个体的适应度值优于当前的捕食者，则该个体的位置信息被转换成新的捕食者

$$\text{Antlion}_j^t = \text{Ant}_i^t, \quad f(\text{Ant}_i^t) < f(\text{Antlion}_j^t) \qquad (7.29)$$

式中：t 为当前进化次数；Ant_i^t 为第 t 代中群体里适应度值更优的第 i 个蚂蚁；f

为判断群体内个体的环境适应度。

（6）蚂蚁种群精英化。

更新被捕巡游蚂蚁的位置信息。

$$\text{Ant}_i^t = \frac{R_A^t + R_E^t}{2} \tag{7.30}$$

式中：R_A^t 为在当前蚁狮种群内被随机轮盘赌挑选的蚁狮；R_E^t 为当前进化范围内所有个体中适应度值最佳的蚁狮。

2. 蚁狮算法流程

蚁狮算法的运算规则如图 7.10 所示。

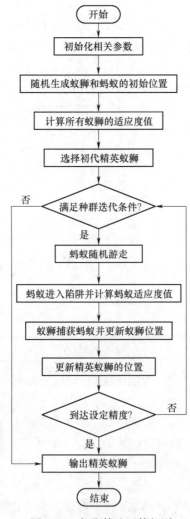

图 7.10 蚁狮算法运算规则

具体描述如下。

（1）初始化种群相关参数，包括种群大小 sizepop、最大迭代次数 Max_iter、个体长度 dim 和种群位置范围 [lb，ub]。

（2）随机分配数值给蚁狮位置 $AntLion_i^t$ 和蚂蚁位置 Ant_i^t。

（3）评判初代蚁狮群体的环境适应性。

（4）对适应度值进行排序，从初代蚁狮群体中选择最佳适应度值为初代精英蚁狮。

（5）如果要使蚂蚁开始进行随机游走，则要满足种群更新条件。

（6）有轮盘赌算法，根据蚁狮的适应度值选择得到索引号 Rolette_index。

（7）由蚁狮群体随机游走得到捕食者蚁狮 R_A^t。

（8）获取当前演化过程中的最优解 R_E^t。

（9）评判蚂蚁群体的适应度值之前，先由 R_A^t 和 R_E^t 更新蚂蚁种群。

（10）在满足迭代条件的情况下，返回（5）继续下一次进化运算。

（11）输出精英蚁狮。

3. 基于 ALO-WNN 算法的短时交通流预测

本章设计的 ALO-WNN 算法是将 WNN 和 ALO 算法结合而成，即在训练 WNN 之前采用 ALO 算法对网络模型的权值和平移伸缩因子初始化，而不是随机初始化。首先需要确定种群中所有个体的适应度值，选取 WNN 预测的 MSE 均方差作为种群个体适应度函数，所以在种群进化中若个体适应度值越小，则表明个体的位置越好，算法越容易寻找到最优解。

ALO-WNN 算法的运算规则如图 7.11 所示。

具体步骤描述如下。

（1）初始化种群相关参数，包括种群大小 sizepop、最大迭代次数 Max_iter、个体长度 dim 和种群位置范围 [lb，ub]。

（2）随机分配数值给蚁狮位置 $AntLion_i^t$ 和蚂蚁位置 Ant_i^t。

（3）将每个蚁狮群体作为 WNN 的初始权值，由 WNN 计算训练集误差蚁狮群体适应度值。

（4）对适应度值排序，从初代蚁狮群体中选择最佳适应度值为初代精英蚁狮。

（5）如果要使蚂蚁开始进行随机游走，则要满足种群更新条件。

（6）有轮盘赌算法，根据蚁狮适应度值选择得到 Rolette_index。

（7）由蚁狮群体随机游走得到捕食者蚁狮 R_A^t。

（8）获取当前演化过程下的最优解 R_E^t。

（9）评判蚂蚁群体的适应度值之前，先由 R_A^t 和 R_E^t 更新蚂蚁种群。

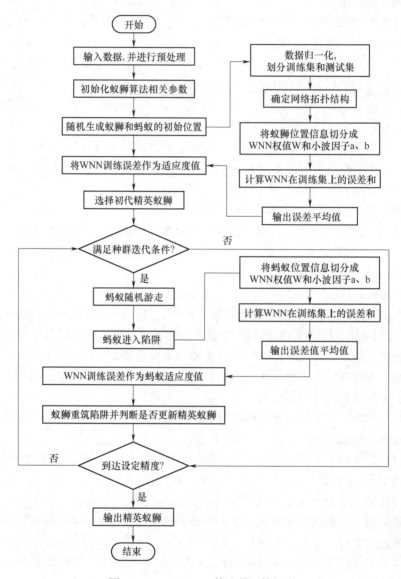

图 7.11　ALO-WNN 算法的运算规则

（10）返回到（5），并且未达到最大迭代次数或者设定精度。

（11）输出精英蚁狮。

基于 ALO-WNN 的短期道路车流量估测算法伪代码如表 7.3 所示。

表 7.3　基于 ALO-WNN 的短期道路车流量估测算法伪代码

算法 7.2　基于 ALO-WNN 的短期道路车流量估测算法

输入：数据特征 input、标签 output、种群大小 sizepop 和迭代次数 maxgen

begin

　　1：　确定 WNN 的拓扑结构；

　　2：　随机分配数值，蚁狮种群 $AntLion_i \in M_{AntLion}$ 蚂蚁种群 $Ant_i \in M_{Ant}$；

　　3：　for all $AntLion_i \in M_{AntLion}$

　　4：　　　do $M_{FAntLion}(i) \leftarrow$ WNNcal($AntLion_i$)

　　5：　end for

　　6：　初始化精英蚁狮 Elite _ antlion

　　7：　$t \leftarrow 1$；

　　8：　while $t <$ Max _ iter

　　9：　　　for all $Ant_i \in M_{Ant}$

　　10：　　　　Rolette _ index $\leftarrow$ RouletteWheelSelection（$M_{FAntLion}$）

　　11：　　　　$R_A^t \leftarrow$ Random _ walk _ around _ antlion（Rolette _ index）

　　12：　　　　$R_E^t \leftarrow$ Elite _ antlion

　　13：　　　　$Ant_i^t \leftarrow \dfrac{R_A^t + R_E^t}{2}$

　　14：　　　end for

　　15：　　　for all $Ant_i \in M_{Ant}$

　　16：　　　　do $M_{FAnt}(i) \leftarrow$ WNNcal(Ant_i)

　　17：　　　end for

　　18：　　　if $f(Ant_i^t) < f(AntLion_j^t)$

　　19：　　　　$AntLion_j^t \leftarrow Ant_i^t$

　　20：　　　end if

　　21：　　　更新精英蚁狮 Elite _ antlion

　　22：　end while

end

输出：最佳蚁狮个体

　　基于 ALO-WNN 的短时交通预测效果如图 7.12~图 7.15 所示。

　　图 7.12 为 ALO 算法迭代过程中整个种群平均适应度值的变化曲线，图 7.13 为 ALO 算法迭代过程中整个种群最佳适应度值的变化曲线。图 7.14 为基于 ALO-WNN 模型的估测值和真实值对比图，各项指标依次为 MAPE = 16.1851，MAE = 60.2801，MSE = 7445.0472，RMSE = 86.2847，EC = 0.9209，R^2 = 0.8509。图 7.15 为基于 ALO-WNN 模型的估测值和真实值偏差示意图。通过图 7.8 与图 7.14 的对比分析可知，基于 ALO-WNN 模型的短期道路车流

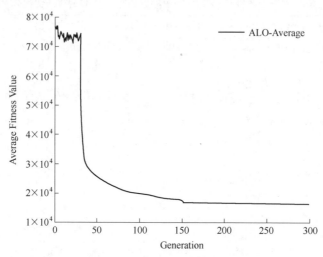

图 7.12　基于 ALO 算法的平均适应度值的变化曲线

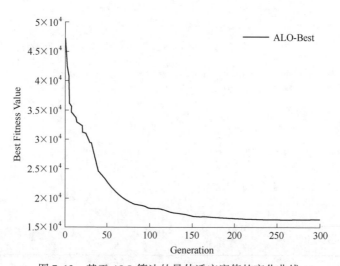

图 7.13　基于 ALO 算法的最佳适应度值的变化曲线

量估测相对于 WNN 模型预测和实际值之间拟合程度明显提高，但通过图 7.9 和图 7.15 来看，偏差示意平稳性上提升不明显。

基于 ALO-WNN 模型对数据集进行 15 次短期道路车流量估测误差分析结果如表 7.4 所示。其中所得各项指标平均值依次为 MAPE = 18.6127，MAE = 63.6484，MSE = 8106.4562，RMSE = 89.9986，EC = 0.9183，R^2 = 0.8376。

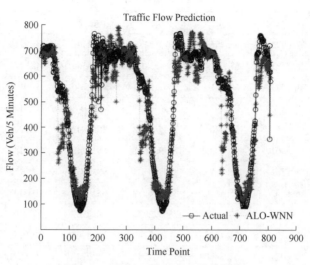

图 7.14　基于 ALO-WNN 的估测值

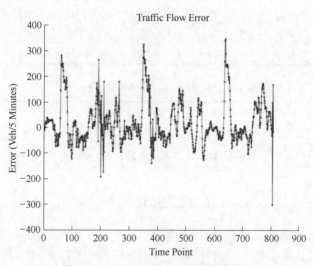

图 7.15　基于 ALO-WNN 的估测偏差

通过表 7.5 中的各项评价指标均值的对比可知，相比于 WNN 的实验结果，ALO-WNN 的 MAPE 降低了 23.37%，MAE 降低了 30.56%，MSE 降低了 41.84%，RMSE 降低了 21.92%，EC 提高了 2.49%，R^2 提高了 16.2%。

表 7.4　基于 ALO-WNN 的预测误差分析

实验次数	MAPE	MAE	MSE	RMSE	EC	R^2
1	17.6902	60.4548	7612.5770	87.2501	0.9210	0.8475
2	16.7723	63.0414	8364.3101	91.4566	0.9171	0.8325
3	21.1833	66.9616	8404.2324	91.6746	0.9166	0.8317
4	20.7812	67.7930	8456.2522	901.9579	0.9179	0.8306
5	16.1851	60.2801	7445.0472	86.2847	0.9209	0.8509
6	17.4901	61.3326	7889.6611	88.8238	0.9183	0.8420
7	18.7562	63.7675	8208.9475	90.6032	0.9183	0.8356
8	16.6332	65.4140	8819.1170	93.9102	0.9145	0.8234
9	16.2456	60.9869	7885.2039	88.7987	0.9191	0.8421
10	17.6124	64.1970	8228.1740	90.7093	0.9171	0.8352
11	19.8017	62.8460	7521.1955	86.7248	0.9221	0.894
12	22.2556	64.7385	8194.6394	90.5242	0.9176	0.8359
13	16.4380	62.7945	9023.1031	94.9900	0.9126	0.8193
14	18.1592	62.2647	7404.8660	86.0515	0.9221	0.8517
15	23.1860	67.8526	8139.5158	90.2193	0.9191	0.8370
平均值	18.6127	63.6484	8106.4562	89.9986	0.9183	0.8376

表 7.5　WNN 和 ALO-WNN 误差分析

Model	MAPE	MAE	MSE	RMSE	EC	R^2
WNN	24.2900	91.6630	13938.4976	115.2690	0.8960	0.7208
ALO-WNN	18.6127	63.6484	8106.4562	89.9986	0.9183	0.8376

▌7.2.3　ALO-WNN 与传统优化算法的对比

　　为了证明本章基于 ALO-WNN 短期道路车流量估测模型的可靠性，将 ALO 算法的迭代搜索效率与另外两种传统群体寻优算法——GA 算法和 PSO 算法对比。对比效果如图 7.16～图 7.21 所示。

　　图 7.16 为 GA、PSO、ALO 算法中种群平均适应度值的变化曲线。图 7.17 为 GA、PSO、ALO 算法中种群最佳适应度值的变化曲线。图 7.18 为 GA 优化 WNN 估测值和真实值对比图，各项指标依次为 MAPE = 51.6695，MAE = 140.8590，MSE = 28766.1462，RMSE = 169.6059，EC = 0.8410，R^2 = 0.4239。图 7.19 为 GA 优化 WNN 预测偏差示意图。图 7.20 为 PSO 优化 WNN 估测值

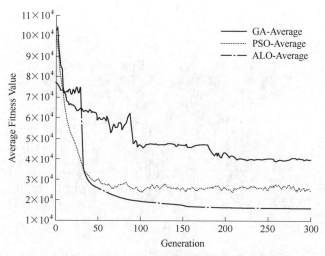

图 7.16　GA、PSO、ALO 算法的平均适应度值变化

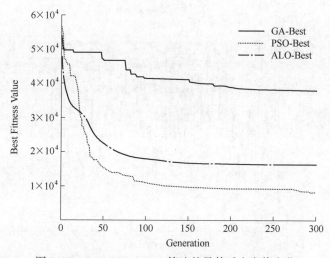

图 7.17　GA、PSO、ALO 算法的最佳适应度值变化

和真实值对比图，各项指标依次为 MAPE = 7.9515，MAE = 30.7818，MSE = 1724.2870，RMSE = 41.5245，EC = 0.9627，R^2 = 0.9655。图 7.21 为 PSO 优化 WNN 预测偏差示意图。

　　由分析可知，ALO 算法的种群整体稳定性和搜索速度要明显好于 GA 和 PSO 算法，但是在该实验中 ALO 算法的个体最优值要小于 PSO 算法，但仍大于 GA 算法。

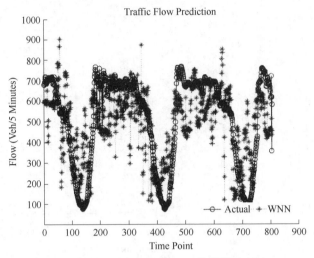

图 7.18 基于 GA-WNN 的估测值

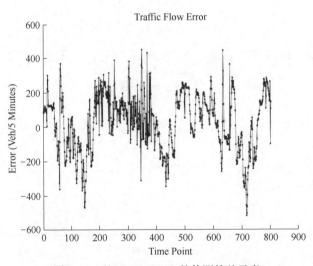

图 7.19 基于 GA-WNN 的估测偏差示意

　　基于 GA-WNN 对数据集进行 15 次短期道路车流量估测误差分析结果如表 7.6所示，各项指标的平均值依次为 MAPE = 61. 3618，MAE = 148. 5099，MSE = 33995. 1717，RMSE = 184. 2876，EC = 0. 8282，R^2 = 0. 3192。

　　基于 PSO-WNN 对数据集进行 15 次短期道路车流量估测误差分析结果如表 7.7 所示，各项指标的平均值依次为 MAPE = 10. 1965，MAE = 38. 4359，MSE = 2568. 6579，RMSE = 50. 3276，EC = 0. 9547，R^2 = 0. 9486。

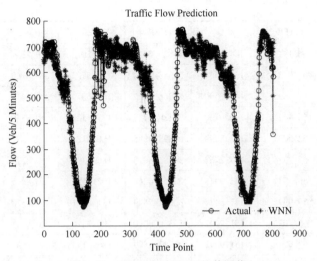

图 7.20　基于 PSO-WNN 的估测值

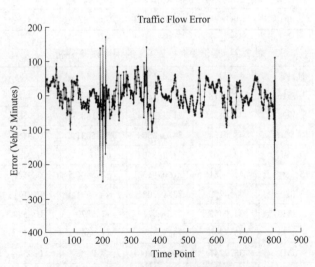

图 7.21　基于 PSO-WNN 的估测偏差示意

表 7.6　基于 GA-WNN 的预测误差分析

实验次数	MAPE	MAE	MSE	RMSE	EC	R^2
1	62. 8644	149. 1968	34932. 9700	186. 9036	0. 8258	0. 3004
2	61. 3330	147. 3753	33780. 1200	183. 7937	0. 8288	0. 3235
3	60. 6872	150. 0163	34380. 1393	185. 4188	0. 8284	0. 3114

实验次数	MAPE	MAE	MSE	RMSE	EC	R^2
4	56.1417	144.9088	31823.5349	178.3915	0.8331	0.3627
5	63.0282	150.0551	35563.2364	188.5822	0.8245	0.2878
6	51.6695	140.8590	28766.1462	169.6059	0.8410	0.4239
7	58.4425	146.0120	31489.4772	177.4527	0.8340	0.3693
8	62.5097	151.5890	34898.8885	186.8124	0.8241	0.3011
9	63.2374	147.2762	34681.3023	186.2292	0.8270	0.3054
10	66.3034	153.9948	37153.4261	192.7522	0.8215	0.2559
11	59.9995	147.5424	33064.7449	181.8371	0.8310	0.3378
12	66.4073	151.2092	36380.8360	190.7376	0.8231	0.2714
13	62.7945	151.9892	34787.9599	186.5153	0.8253	0.3033
14	58.5066	146.4339	32455.8577	180.1551	0.8313	0.3500
15	66.5023	149.1910	35768.9362	189.1268	0.8248	0.2836
平均值	61.3618	148.5099	33995.1717	184.2876	0.8282	0.3192

表 7.7 基于 PSO-WNN 的预测误差分析

实验次数	MAPE	MAE	MSE	RMSE	EC	R^2
1	7.9515	30.7818	1724.2870	41.5245	0.9627	0.9655
2	8.5998	34.7134	2133.3764	46.1885	0.9581	0.9573
3	10.3616	43.6164	3422.8509	58.5051	0.9465	0.9314
4	10.2914	48.4607	3722.2504	61.0102	0.9456	0.9255
5	15.3806	41.8061	2760.5130	52.5406	0.9529	0.9447
6	11.3228	37.4290	2251.7021	47.4521	0.9571	0.9549
7	8.5833	34.9453	2264.5219	47.5870	0.9574	0.94546
8	8.8683	35.2296	2283.5824	47.7868	0.9572	0.9543
9	9.5319	38.2247	2494.6860	49.9468	0.9543	0.9500
10	11.9252	35.4406	2102.1942	45.8497	0.9591	0.9579
11	8.7833	33.3439	1972.4632	44.4124	0.9602	0.9605
12	10.7810	48.3339	3954.1005	62.8816	0.9439	0.9208
13	9.5747	35.8216	2297.9208	47.9366	0.9567	0.9540
14	11.8679	43.0117	2854.4482	53.4270	0.9523	0.9428
15	9.1246	35.3804	2290.9722	47.8641	0.9563	0.9541
平均值	10.1965	38.4359	2568.6579	50.3276	0.9547	0.9486

▌7.2.4　基于自适应变异加权精英策略的 ALO 算法改进

1. 自适应变异加权精英策略

由以上 ALO-WNN 和 GA-WNN、PSO-WNN 对比可知，沙穴尺寸和蚁狮适应度成正比的仿生原理没有在原生 ALO 算法中得到良好应用。从而导致群体寻优时针对解空间中某些局部细节挖掘不够的情况。经分析，影响因素有以下几点。

（1）蚁狮调整沙穴大小的因子 I 是随迭代计数 t 的线性改变。所以，按照自然界群体间的反馈原理，将蚁狮的适应度大小用作观察值，以动态改变沙穴大小是一种改进思路。

（2）搜索曲线提前变得缓和。因为所有巡游蚂蚁群体均受到当前最佳适应度值个体的影响，进化过程中无法保留个体间发展的差异性，因此该算法较容易在搜索到局部最优解附近时，就停止了其他的不同选择，此种情况在解空间含有多个峰值、峰谷的曲面上尤其如此。所以，生物某个维度值进行差异化突变是自然界进化多样性的重要来源，突变的成功率大小会被用作对随机改变蚂蚁的依据。

（3）在经典的 ALO 寻优规则下，使用随机选择和随机游走来保证整个解空间的可搜索能力。然而，搜索空间在随机轮盘赌只选择一个个体的情况下，显得不够宽阔，同时存在容易早熟收敛、收敛精度较低、后期迭代效率不高等缺点。借鉴 GA 算法中的变异思想，在 ALO 中引入变异操作，即对某些变量以一定的概率重新初始化。由于突变的差异化操作突破了在进化中被制约的可行搜索空间，这允许巡游个体能够从之前找到的局部位置跳跃到另一可能位置，可以在更大的空间中展开搜索，同时又保持了群体的差异性，提高算法寻找到更优值的可能性。具体变异公式为

$$\text{Ant}_{ij}^t = \text{Upvalue} \times r \quad \text{rm} > 0.95, \ r \in [0, 1] \tag{7.31}$$

式中：Ant_{ij}^t 为第 t 代蚁群第 i 个个体的第 j 个位置；Upvalue 为初始化上限；r 为 0~1 的随机数；rm 为变异率。从上面的分析中可以得到，整个蚁狮寻群体优能搜索可行区域主要是通过随机巡游的蚂蚁个体实现的。但是，在保证随机游走具有更大差异的条件下，即算法的搜索范围，进行巡游的蚂蚁并未合理使用当前群体中的最优蚁狮解。该算法的早期随机轮盘挑选策略会制约总体的优化性能和收敛速率。在种群进化历程中，巡游个体会向适应力较低的蚁狮靠拢，致使寻优曲线总体会平稳不变，从而降低算法的有效性。针对以上 ALO 算法的缺陷引入加权精英更新，具体更新公式为

$$\text{Ant}_i^t = \frac{(2 - w) \cdot R_A^t + w \cdot R_E^t}{2} \quad w \in [0, 2] \tag{7.32}$$

式中：若 $w = 0$，则在更新蚂蚁个体 Ant_i^t 时，完全取决于随机选取的蚁狮 R_A^t，同理，若 $w = 2$，则在更新蚂蚁个体 Ant_i^t 时完全取决于全局精英蚁狮 R_E^t。实际 w 调整时属于算法超参数，可以根据经验在范围内灵活变化。

2. IWALO 与传统算法相比

改进后的算法 IWALO - WNN 再次与之前的模型进行对比，结果如图 7.22~图 7.25 所示。

图 7.22 为 IWALO 与 GA、PSO、ALO 种群平均适应度值对比变化曲线。图 7.23 为 IWALO 与 GA、PSO、ALO 种群最佳适应值对比变化曲线。图 7.24 为 IWALO 优化 WNN 估测值和真实值对比图，各项指标依次为 MAPE = 4.3791，MAE = 18.7588，MSE = 992.2788，RMSE = 31.5005，EC = 0.9714，$R^2 = 0.9801$。图 7.25 为 IWALO 优化 WNN 预测误差曲线。

由图 7.22 和图 7.23 分析可知，改进后的 IWALO 算法不仅在种群适应度上比传统 ALO 算法有了明显提高，并且在种群个体最佳值方面也比之前表现最好的 PSO 算法有明显改善。由图 7.24 分析可知，IWALO 算法得出的估测值和真实值之间有较好的拟合度。由图 7.25 分析可知，预测误差相对于其他算法整体上显得更平稳。

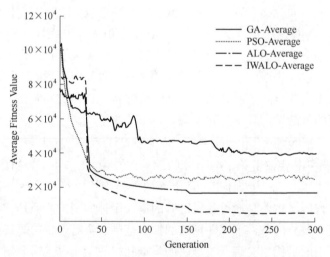

图 7.22 IWALO 与 GA、PSO、ALO 种群平均适应度值对比变化曲线

基于 IWALO-WNN 对数据集进行 15 次短期道路车流量估测误差分析结果

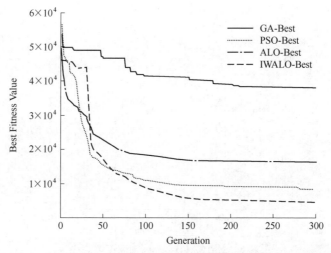

图 7.23　IWALO 与 GA、PSO、ALO 种群最佳适应度值对比变化曲线

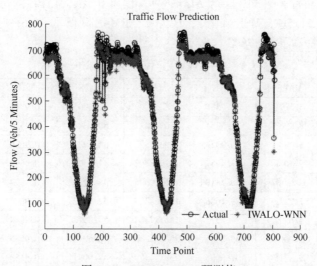

图 7.24　IWALO-WNN 预测值

如表 7.8 所示。各项指标平均值依次为 MAPE = 8.9997，MAE = 30.8684，MSE = 1926.8629，RMSE = 43.5464，EC = 0.9604，R^2 = 0.9614。

由表 7.9 可知，与 PSO-WNN 模型和 ALO-WNN 模型相比，IWALO-WNN模型预测精度更高。与 PSO-WNN 模型相比，MAPE 降低了 11.74%，MAE 降低了 19.69%，MSE 降低了 24.98%，RMSE 降低了 13.47%，EC 提高了

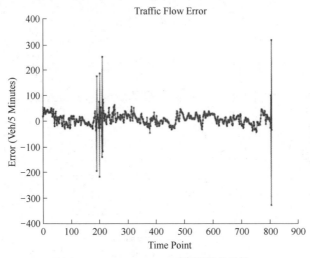

图 7.25 IWALO-WNN 预测误差曲线

0.59%，R^2 提高了 1.34%。与 ALO-WNN 模型相比，MAPE 降低了 51.65%，MAE 降低了 51.5%，MSE 降低了 76.23%，RMSE 降低了 51.61%，EC 提高了 4.58%，R^2 提高了 14.78%。

表 7.8 基于 IWALO-WNN 的预测误差分析

实验次数	MAPE	MAE	MSE	RMSE	EC	R^2
1	4.3791	18.7588	992.2788	31.5005	0.9714	0.9801
2	8.7967	37.6854	2503.8411	50.0384	0.9539	0.9499
3	5.4986	20.2923	1203.4572	34.6909	0.9686	0.9759
4	9.1089	33.4957	1929.8792	43.9304	0.9602	0.9613
5	10.5987	30.7818	2013.9595	44.8772	0.9593	0.9597
6	7.2275	29.1686	1848.8437	42.9982	0.9607	0.9630
7	6.6707	24.2573	1551.7104	39.3918	0.9644	0.9689
8	12.9818	35.2685	2362.3715	48.6042	0.9555	0.9527
9	9.1715	37.6095	2391.4179	48.9021	0.9553	0.9521
10	12.006	36.1910	2101.1146	45.8379	0.9581	0.9579
11	6.9931	29.1493	1924.5083	43.8692	0.9600	0.9615
12	14.0932	45.5219	2720.0238	52.1538	0.9524	0.9455
13	6.0688	24.3031	1569.1001	39.6119	0.9639	0.9686
14	11.7271	34.9577	2197.2135	46.8744	0.9584	0.9560
15	9.6796	28.5853	1593.2244	39.9152	0.9638	0.9681
平均值	8.9997	30.8684	1926.8629	43.5464	0.9604	0.9614

表 7.9　多个模型误差分析

实验次数	MAPE	MAE	MSE	RMSE	EC	R^2
WNN	24.2900	91.6630	13938.4976	115.2690	0.8960	0.7208
GA-WNN	61.3618	148.5099	33995.1717	184.2876	0.8282	0.3192
PSO-WNN	10.1965	38.4359	2568.6579	50.3276	0.9547	0.9486
ALO-WNN	18.6127	63.6484	8106.4562	89.9986	0.9183	0.8376
IWALO-WNN	8.9997	30.8684	1926.8629	43.5464	0.9604	0.9614

7.3　基于 Spark 分布式 IWALO 交通流实时预测

典型常见的群体寻优算法只可以在有限处理器环境下，以顺序模式模拟完成并行迭代，然而这种运算原则已经无法在合理时间内处理当下海量增长的信息集合，为了解决传统算法模型计算量大、模型设计复杂，无法有效利用大规模训练数据的问题，本章将 IWALO-WNN 算法模型与 Spark 分布式计算平台结合，提出了数据并行和计算并行融合的分布式设计算法，构成了基于 Spark 的改进自适应变异精英加权调整的蚁狮算法优化小波神经网络（Spark-IWALO-WNN）的短期道路车流量估测模型。

7.3.1　分布式算法策略

分布式机器学习的目标是使用计算机集群来改进机器学习算法，从而更好地训练具有大数据性能的大型模型，不同场景下的方案选择如图 7.26 所示[143]。为了实现这一目标，通常需要根据硬件资源和数据规模的匹配状况划分计算任务，进行分布式训练，其中如何划分模型是分布式机器学习要解决的第一个问题。一般来说，根据是否划分数据和模型以及如何划分，将分布式计算归纳为计算并行模式、数据并行模式和模型并行模式三种，如图 7.27 所示。

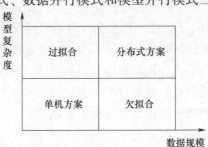

图 7.26　不同场景下的方案选择

模型划分			数据划分		
			不划分	样本划分	
				随机采样	单纯的数据并行
	不划分		计算并行	单纯的数据并行	
	线性模型	划分参数		既有模型并行又有数据并行	
	神经网络	横向按层划分纵向跨层划分模型随机划分	单纯的模型划分		

图 7.27 并行模式总结

1. 计算并行模式

如果所有计算节点共享一个共享内存，如多线程独立环境，并且所有数据和模型都可以存储在此共享内存中，则无须划分数据和模型。此时，每个计算节点都具有对数据的完全访问权限，并且可以并行实现相应的优化算法，该并行模式称为计算并行模式[144]。

在这种并行模式下使用随机优化算法时，通常对数据的生成方式有两种不同的假设：实时生成数据和离线生成数据。实时生成数据假设每个计算节点访问的数据都是根据实际分布即时生成的；离线生成数据是数据集根据真实分布提前创建生成，并且每个节点通过对数据进行重复采样来获取训练所需的数据。

以随机梯度下降法（SGD）为例，将其设计为计算并行模式。假设总共有 K 个节点协同工作以执行随机梯度计算。在每次迭代的开始，每个计算节点都会从共享内存中读取当前模型参数和样本，然后使用当前节点上随机读取到的此时样本模型的梯度，最后将得到的函数梯度乘以学习率，并将其累加到当前权值上。在所有计算节点均执行完这一系列操作后，继续进行下一次迭代。

2. 数据并行模式

如果计算节点没有共享一块内存，并且本地内存容量有限，则必须将数据集划分并分布在每个工作节点上，然后各个计算节点按照该分配到本地的数据进行训练。该并行模式称为数据并行模式[145]。常见的数据划分方式如下。

（1）基于不设特殊条件，随意取出样本的方法[146]。

（2）基于随机乱置数据，按序分配的方法[147]。

（3）基于对比空间维度，按维度分配的方法[148]。

3. 模型并行模式

如果本地内存容量有限，无法涵盖整体模型配置，则此时的模型必须要被合理切分。在线性模型的切分下，不同的计算节点最终都可以得到相应的部分模型参数。因为模型在线性层面上是可分离的，因此计算节点只能依赖与某个特定全局变量和相应维度有关的数据信息，并且可以更新其独立负责的参数，而无须依赖其他节点。因此，线性并行比较容易实现。对于非线性神经网络，并非每个计算节点都能相对独立地完成其负责参数的训练和更新，其必须依靠其他计算节点的协作。常用的网络切分有水平单层切分、竖直部分切分[149] 和骨架抽取切分[150]。

7.3.2　基于 Spark-IWALO 分布式算法设计

1. 基于 Spark 的分布式 IWALO 流程图

由前两节可知，分布式 IWALO 将采用数据并行和计算并行混合策略，并且基于 Spark 分布式框架完成。

其中数据并行模式体现在蚁狮种群在利用 WNN 计算个体适应度值时，是基于 RDD 分区上的训练集数据并行计算。而计算并行模式体现在蚁狮更新蚂蚁群体位置时，将蚂蚁群体划分为多个子群体在各个 RDD 分区上，并行更新蚂蚁个体信息。

图 7.28 展现了 Spark-IWALO 算法设计的运算规则。具体描述如下。

（1）在 Spark Drive 中，随机分配数值给整个种群的信息，包括群落总量和迭代上限等。

（2）将 SparkContext 记为 SC，并读取多节点异地信息集为 DataRDD。

（3）测算当前蚁狮群落中的适应度值，并挑出当代精英蚁狮。

（4）将各个分区需要共同使用的蚁狮和精英蚁狮进行广播。

（5）将初代蚂蚁种群划分为多个子种群，为 RDD 型变量。

（6）在多节点异地机器上进行多个小部分蚂蚁群落巡游，子群落内部完成各自维度信息的更新。

（7）将所有小部分蚂蚁群落的蚁群从各个异地节点内存中汇集到 Driver 上进行合并。

（8）在 Driver 上评判全部群落的适应度，进而促使蚁狮种群的更新。

（9）将来自精英蚁狮和蚁狮群体的迭代信息统一发送到每个 Worker 节点。

（10）如果未达到运算提前停止条件，则重新返回（6）。

（11）当整个群体寻优结束后，返回最后一次更新的精英蚁狮数据，此数据就是需要寻找的最佳参数。

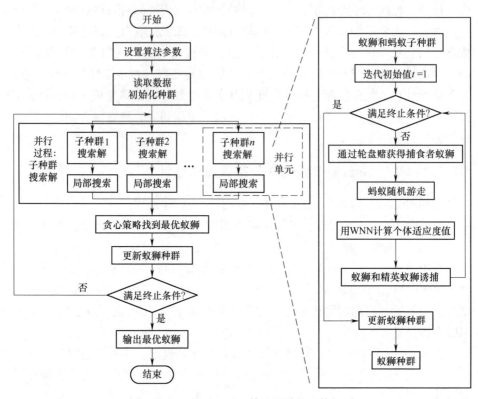

图 7.28　Spark–IWALO 算法设计的运算规则

2. 基于 Spark 的分布式 IWALO 伪代码设计

基于 Spark 的改进分布式蚁狮算法伪代码如表 7.10 所示。

表 7.10　基于 Spark 的改进分布式蚁狮算法伪代码

算法 7.3　基于 Spark 的改进分布式蚁狮算法

输入：数据特征 input、标签 output、种群大小 sizepop、迭代次数 maxgen

begin

　1：spark ← SparkSession. builder. appName（"ALO-spark"）. getOrCreate（）

　2：sc ← SparkContext. getOrCreate（）

　3：trainRDD ←sc. textFile（datapath）

　4：初始化蚁狮种群 antlionpop←AntLion$_i \in M_{AntLion}$ 蚂蚁种群 antpop←Ant$_i \in M_{Ant}$

　5：for all←AntLion$_i \in M_{AntLion}$

　6：　do$M_{FAntLion}(i)$ ← cal _ obj _ value（trainfloat，sc，AntLion$_i$）

　7：end for

　8：初始化精英蚁狮 Elite _ antlion；

续表

算法 7.3　基于 Spark 的改进分布式蚁狮算法

9： antlion _ popbro ← sc. broadcast（antlionpop）；

10： antlion _ fitnessbro ← sc. broadcast（antlion _ fitness）；

11： antRDD ← sc. parallelize（antpop）. persist（）；

12： Current _ iter←1；

13： while Current _ iter<Max _ iter

14：　　for all ← $Ant_i \in M_{Ant}$

15：　　　各分区子种群寻优，并将结果从 Worker 返回到 Driver；

16：　　　Ant ← antRDD. mapPartitionsWithInd ex（selectAnt）. collect（）；

17：　　　$Ants\_fitness_i$←cal _ obj _ value（sc, Ant [i]）；

18：　　end for

19：　　for all ← $Ant_i \in M_{Ant}$

20：　　　$doM_{FAnt}(i)$ ← WNNcal（Ant_i）；

21：　　end for

22：　　if　$f(Ant_i^t) < f(AntLion_j^t)$

23：　　　$AntLion_j^t$ ← Ant_i^t

24：　　end if

25：　　更新精英蚁狮 Elite _ antlion；

26：　　Current _ iter++；

27： end while

end

输出：最佳蚁狮个体

基于 Spark 的分布式数据训练算法伪代码见表 7.11。

表 7.11　基于 Spark 的分布式数据训练算法伪代码

算法 7.4　基于 Spark 的分布式数据训练算法

输入：训练集 RDD trainfloat、SparkContext sc、种群 pop、数据总量 DataCount

begin

1：　　trainlist ← list（iterator）

2：　　triansize ← len（trainlist）

3：　　train ← np. array（trainlist）

4：　　y ← train [:, 0]

5：　　X ← train [:, 1::]

6：　　popbro ← sc. broadcast（pop）

7：　　fitness _ sum ← trainfloat. mapPartitionsWithIndex（select）

8：　　　　　　　. reduce（lambda x, y: x [1] + y [1]）

9：　　number ←trainfloat. getNumPartitions（）

10：　　fitness ← fitness _ sum / DataCount

算法 7.4　基于 Spark 的分布式数据训练算法

    11：　　　　return fitness

end

输出：种群适应度值

基于 Spark 的各分区数据训练算法伪代码见表 7.12。

表 7.12　基于 Spark 的各分区数据训练算法伪代码

算法 7.5　基于 Spark 的各分区数据训练算法

输入：当前分区索引号 partitionIndex、迭代器 iterator

begin

    1：　　trainlist ← list（iterator）

    2：　　triansize ← len（trainlist）

    3：　　train ← np. array（trainlist）

    4：　　y ← train［:, 0］

    5：　　X ← train［:, 1::］

    6：　　result ←［］

    7：　　pop ← np. array（popbro. value）

    8：　　popsize = len（pop）

    9：　　fitness ← np. zeros（（popsize）, dtype = np. float32）

    10：　　for i in range（popsize）:

    11：　　　　fitness［i］← WNNcal（pop［i］, 9, 6, 1, X, y）

    12：　　end for

    13：　　result. append（（partitionIndex, fitness））

    14：　　return iter（result）

end

输出：当前分区数据误差和

3. Spark 分布式集群环境搭建

实验环境通常分为硬件环境和软件环境。

（1）硬件环境：本章在 Spark 集群环境和单机环境下分别进行实验，Spark 集群由 5 台虚拟机组成，1 个主节点和 5 个从节点，主节点作为集群的控制节点，从节点作为集群的计算节点。主机为 Win10 操作系统，处理器为 Intel(R) Core(TM) i7-7700HQ CPU @ 2.80GHz，内存 16.0GB。

（2）软件环境：本章实验使用 HDFS 多节点异地文件系统进行数据存储，并使用 Yarn 资源管理框架对 Spark 系统的资源进行管理。集群软件配置如表 7.13所示，集群配置描述如表 7.14 所示。

表 7.13　集群软件配置

属性	值
节点数	5
节点内存	2 GB
节点 CPU	1×1
系统版本	CentOS 6.5
JDK 版本	1.8.0
Hadoop	2.7.3
Zookeeper	3.4.8
Spark	2.0.0
Python	3.5.0

表 7.14　集群配置描述

主机名	hadoop11	hadoop12	hadoop13	hadoop14	hadoop15
IP 地址	192.168.80.151	192.168.80.152	192.168.80.153	192.168.80.154	192.168.80.155
描述	Master	Worker	Worker	Worker	Worker
Zookeeper	Zoo1	Zoo2	Zoo3		
Hadoop	Namenode1	Namenode2			
HDFS	Datanode	Datanode	Datanode	Datanode	Datanode
Spark	Master	Worker	Worker		
Flume	Flume				
Kafka	Kafka1	Kafka2	Kafka3		

7.3.3　分布式场景下节点的加速比

基于 Spark 的分布式 IWALO-WNN 模型训练，在不同场景下的节点加速比如图 7.29~图 7.46 所示。采用的对比模型依次为基于数据并行和计算并行的 Spark-IWALO 和仅基于数据并行的 Single-IWALO 模型，以及传统单机搜索 Tradit-IWALO 模型。

图 7.29 为 5 万条数据下各个算法随分布式节点变化的执行效率趋势。图 7.30 为 5 万条数据下各个算法随分布式节点变化的执行时间差异。图 7.31 为 5 万条数据下各个算法随种群大小变化的执行效率趋势。图 7.32 为 5 万条数据下各个算法随种群大小变化的执行时间差异。图 7.33 为 5 万条数据下各个算法随种群迭代次数变化的执行效率趋势。图 7.34 为 5 万条数据下各个算

法随种群迭代次数变化的执行时间差异。

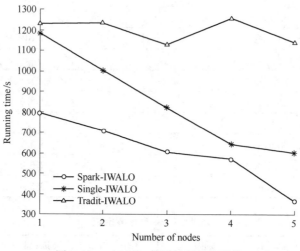

图 7.29　（5 万）算法执行效率趋势

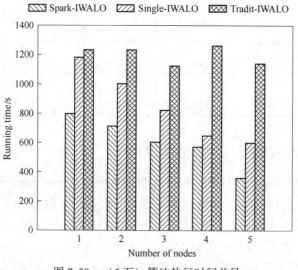

图 7.30　（5 万）算法执行时间差异

　　图 7.35 为 20 万条数据下各个算法随分布式节点变化的执行效率趋势。图 7.36 为 20 万条数据下各个算法随分布式节点变化的执行时间差异。图 7.37 为 20 万条数据下各个算法随种群大小变化的执行效率趋势。图 7.38 为 20 万

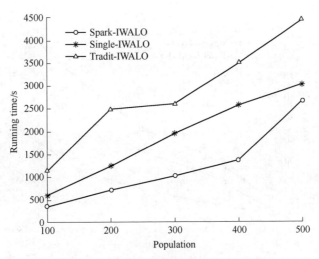

图 7.31　（5 万）种群变化执行效率趋势

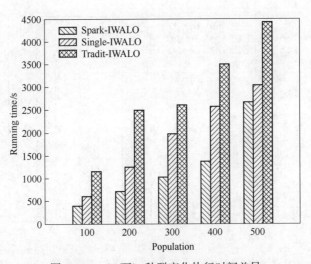

图 7.32　（5 万）种群变化执行时间差异

条数据下各个算法随种群大小变化的执行时间差异。图 7.39 为 20 万条数据下各个算法随种群迭代次数变化的执行效率趋势。图 7.40 为 20 万条数据下各个算法随种群迭代次数变化的执行时间差异。

　　图 7.41 为 50 万条数据下各个算法随分布式节点变化的执行效率趋势。

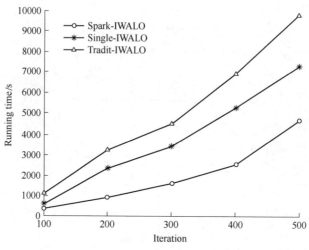

图 7.33　（5 万）迭代变化执行效率趋势

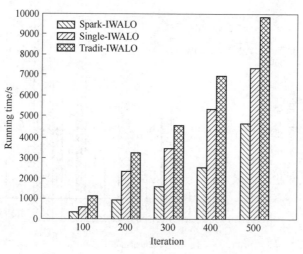

图 7.34　（5 万）迭代变化执行时间差异

图 7.42 为 50 万条数据下各个算法随分布式节点变化的执行时间差异。图 7.43 为 50 万条数据下各个算法随种群大小变化的执行效率趋势。图 7.44 为 50 万条数据下各个算法随种群大小变化的执行时间差异。图 7.45 为 50 万条数据下各个算法随种群迭代次数变化的执行效率趋势。图 7.46 为 50 万条数据下各个

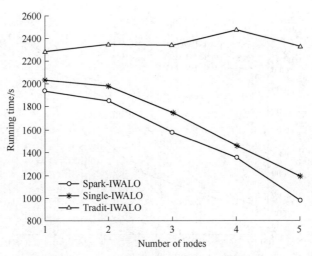

图 7. 35　（20 万）节点变化执行效率趋势

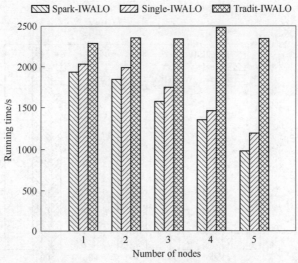

图 7. 36　（20 万）节点变化执行时间差异

算法随种群迭代次数变化的执行时间差异。

▌7. 3. 4　实验结果分析

在不同数量的分布式节点下，当数据规模不大时，基于数据并行和计算并

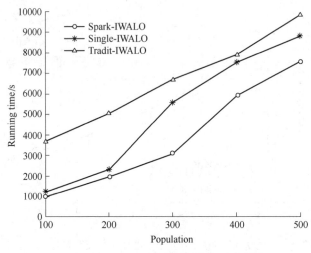

图 7.37　（20 万）种群变化执行效率趋势

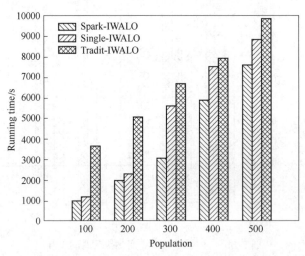

图 7.38　（20 万）种群变化执行时间差异

行的 Spark-IWALO 和仅基于数据并行的 Single-IWALO 模型的总体处理时间相差不大，但和传统单机搜索 Tradit-IWALO 模型相比，两者在计算效率上均有不少提高，并且随着数据规模的逐渐增加，搜索消耗时间的差异随着节点数目

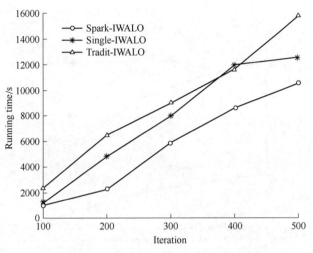

图 7.39　（20 万）迭代变化执行效率趋势

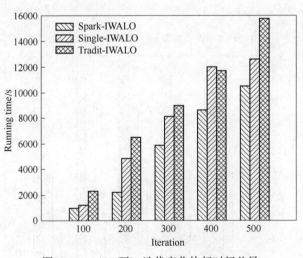

图 7.40　（20 万）迭代变化执行时间差异

的增多，Spark-IWALO 和 Single-IWALO 开始出现明显差异。实验结果表明，在大规模数据场景下，基于数据并行和计算并行混合策略的 Spark-IWALO 模型具备更优的搜索效率，能够应对更复杂的组合优化计算任务。

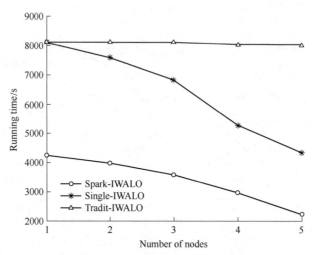

图 7.41   （50 万）节点变化执行效率趋势

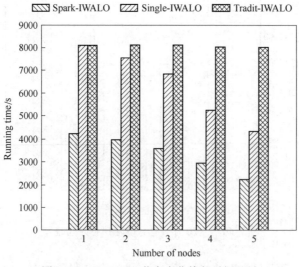

图 7.42   （50 万）节点变化执行时间差异

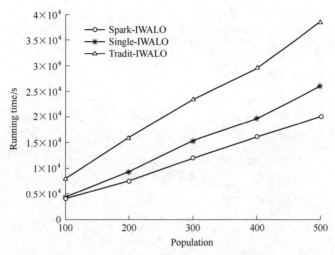

图 7.43　（50 万）种群变化执行效率趋势

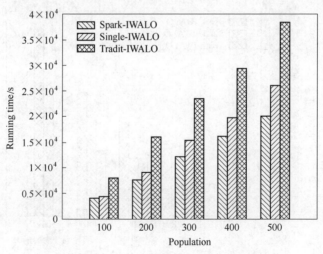

图 7.44　（50 万）种群变化执行时间差异

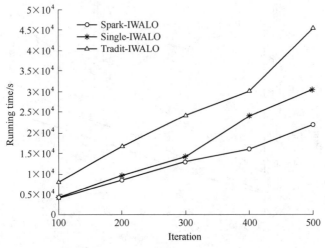

图 7.45　（50 万）迭代变化执行效率趋势

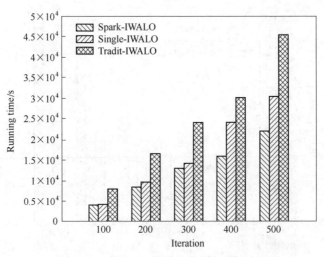

图 7.46　（50 万）迭代变化执行时间差异

参 考 文 献

［1］ 百度百科［EB/OL］. https：//baike. baidu. com/item/智能计算/1036529？fr=aladdin.

［2］ 郑树泉. 工业智能技术与应用［M］. 上海：上海科学技术出版社，2019：250-251.

［3］ STEINBRUNN M，MOERKOTTE G，KEMPER A. Heuristic and randomized optimization for the join ordering problem［J］. The VLDB Journal，1997，6（3）：8－17.

［4］ 百度百科［EB/OL］. https：//baike. baidu. com/item/禁忌搜索算法.

［5］ 百度百科［EB/OL］. https：//baike. baidu. com/item/进化算法.

［6］ 温文波，杜维. 蚁群算法概述［J］. 石油化工自动化，2002（1）：19-22.

［7］ 郁磊，史峰，王辉，等. MATLAB 智能算法 30 个案例分析［M］. 2 版. 北京：北京航空航天大学出版社，2015. 09.

［8］ 百度百科［EB/OL］. https：//baike. baidu. com/item/人工鱼群算法.

［9］ 百度百科［EB/OL］. https：//baike. baidu. com/item/粒子群优化算法？fromtitle=粒子群算法 &fromid1733544.

［10］ 百度百科［EB/OL］. https：//baike. baidu. com/item/人工神经网络.

［11］ 百度百科［EB/OL］. https：//baike. baidu. com/item/免疫算法.

［12］ Z Ye，L Ma，H. Chen. A hybrid rice optimization algorithm［C］. International Conference on Computer Science & Education，2016.

［13］ Zheng Y J，Bei Z. A simplified water wave optimization algorithm［C］. 2015 IEEE Congress on Evolutionary Computation（CEC）. IEEE，2015.

［14］ Mirjalili S. Moth-flame optimization algorithm：A novel nature-inspired heuristic paradigm［J］. Knowledge-Based Systems，2015，89（10）：228-249.

［15］ Zawbaa H M，E E mary，Parv B. Feature Selection Based on Antlion Optimization Algorithm［C］. Complex Systems. IEEE，2016.

［16］ Mirjalili S，Saremi S，Mirjalili S M，et al. Multi-objective grey wolf optimizer：A novel algorithm for multi－criterion optimization［J］. Expert Systems with Applications，2015，47：106-119.

［17］ Mirjalili，Seyedali，Lewis，et al. The Whale Optimization Algorithm［J］. Advances in engineering software，2016.

［18］ Yang X S，Gandomi A H. Bat Algorithm：A Novel Approach for Global Engineering Optimization［J］. Engineering Computations，2012，29（5）：464-483.

［19］ Gao W F，Liu S Y. A modified artificial bee colony algorithm［J］. Computers & Operations Research，2012，39（3）：687-697.

［20］ Da Ely P T，Shin S Y. Range based wireless node localization using Dragonfly Algorithm［C］. Eighth International Conference on Ubiquitous & Future Networks. IEEE，2016：1012-1015.

［21］Rizk-Allah R M，Ella H A，Mohamed E，et al. A new binary salp swarm algorithm：development and application for optimization tasks［J］. Neural Computing and Applications，2018.

［22］Jia H，Xing Z，Song W. A New Hybrid Seagull Optimization Algorithm for Feature Selection［J］. IEEE Access，2019，7：2169-3536.

［23］Ouyang C，Zhu D，Qiu Y. Lens Learning Sparrow Search Algorithm［J］. Mathematical Problems in Engineering，2021，2021（2）：1-17.

［24］Wang T，Long Y，Qiang L. Beetle Swarm Optimization Algorithm：Theory and Application［J］. 2018.

［25］SAREMI S，MIRJALILI S，LEWIS A. Grasshopper optimization algorithm：theory and application［J］. Advances in Engineering Software，2017，105：30-47.

［26］Hussien A G，Amin M. A self-adaptive Harris Hawks optimization algorithm with opposition-based learning and chaotic local search strategy for global optimization and feature selection［J］. International Journal of Machine Learning and Cybernetics，2021：1-28.

［27］张国，王锐，雷洪涛，并行智能优化算法研究进展［J/OL］. 控制理论与应用：1-11［2021-10-12］. http：//202. 114. 181. 48：80/rwt/CNKI/http/NNYHGLUDN3WXTLUPMW4A/kcms/detail/44. 1240. TP. 20211008. 1031. 006. html.

［28］张普，薛惠锋，高山，等. 具有弱通讯的多智能体分布式自适应协同跟踪控制［J］. 系统工程与电子技术，2021，43（02）：487-498.

［29］张文涛，苑斌，张智鹏，等. 图嵌入算法的分布式优化与实现［J］. 软件学报，2021，32（03）：636-649.

［30］黄小红，张勇，闪德胜，等. 基于多目标效用优化的分布式数据交易算法［J］. 通信学报，2021，42（02）：52-63.

［31］张立志，冉浙江，赖志权，等. 分布式深度学习通信架构的性能分析［J］. 计算机工程与科学，2021，43（03）：416-425.

［32］吕昕晨，张晨宇. 面向车联网自动驾驶的边缘智能多源数据处理［J］. 北京邮电大学学报，2021，44（02）：102-108.

［33］黄冬梅，何立昂，孙锦中，等. 基于边缘计算的电网假数据攻击分布式检测方法［J］. 电力系统保护与控制，2021，49（13）：1-9.

［34］李家华. 基于大数据的人工智能跨境电商导购平台信息个性化推荐算法［J］. 科学技术与工程，2019，19（14）：280-285.

［35］赵翀，王丽达. 基于数据挖掘技术的智能图书馆云检索系统设计［J］. 现代电子技术，2020，43（02）：60-63.

［36］方晓洁，黄伟琼，叶东华，等. 分布式并行FP-Growth算法在二次设备缺陷监测中的应用［J］. 电力系统保护与控制，2021，49（08）：160-167.

［37］冯桂玲，郑鹭洲，蒋宏烨，等. 基于云计算和改进极限学习机的电网负荷预测［J］. 科学技术与工程，2021，21（22）：9411-9417.

［38］夏英，王瑞迪，张旭，等. Spark环境下基于网格索引的轨迹k近邻查询方法［J］.

重庆邮电大学学报（自然科学版），2019，31（04）：531-537.

[39] 傅思维，陈桂芬，赵姗. 基于大数据技术的农产品智能推荐方法研究 [J]. 东北农业科学，2020，45（06）：140-144.

[40] 杨力，王龙青，潘成胜，等. 天地一体化智能网络流量实时分类 [J/OL]. 小型微型计算机系统：1-8 [2021-10-12]. http：//202.114.181.48：80/rwt/CNKI/http/NNY-HGLUDN3WXTLUPM W4A/kcms/detail/21.1106.TP.20210506.1026.004.html.

[41] Kou W，Yang X，Liang C，et al. HDFS enabled storage and management of remote sensing data [C]. IEEE International Conference on Computer and Communications. IEEE，2017：80-84.

[42] Gounaris A，Torres J. A Methodology for Spark Parameter Tuning [J]. Big Data Research，2018，11：22-32.

[43] Hosseini B，Kiani K. A big data driven distributed density based hesitant fuzzy clustering using Apache spark with application to gene expression microarray [J]. Engineering Applications of Artificial Intelligence，2019，79：100-113.

[44] Geronimo L D，Ferrucci F，Murolo A，et al. A Parallel Genetic Algorithm Based on Hadoop MapReduce for the Automatic Generation of JUnit Test Suites [J]. Cognitive Computation，2012，8（1）：52-68.

[45] Kečo D，Subasi A. Parallelization of genetic algorithms using Hadoop Map/Reduce [J]. Southeast Europe Journal of Soft Computing，2012，1（2）：56-59.

[46] 刘俊芳. 粒子群和人工蜂群的混合优化算法优化 SVM 参数及应用 [D]. 太原理工大学，2012.

[47] Zhang L，Zhou W，Jiao L C. Wavelet support vector machine [J]. IEEE Transactions on systems，2004，34（1）：34-39.

[48] Sridevi P. Identification of suitable membership and kernel function for FCM based FSVM classifier model [J]. Cluster Computing，2019，22（5）：11965-11974.

[49] Tyastuti R F，Hariyanto N，Nurdin M，et al. A genetic algorithm approach determining simultaneously location and capacity distributed generation in radial distribution system [C]. International Conference on Electrical Engineering and Informatics. IEEE，2015：585-589.

[50] Nguyen H N，Ohn S Y. Unified Kernel Function and Its Training Method for SVM [C]. International Conference on Neural Information Processing，Iconip，Hong Kong，China，October，Part I. Springer Berlin Heidelberg，2006.

[51] Song H，Xue Y，Zhang L J. Research on Kernel Function Selection Simulation Based on SVM Classification [J]. Computer and Modernization，2011，1（8）：133-136.

[52] 丁玲娟. 基于小波分析和 ARMA-SVM 模型的股票指数预测分析 [D]. 华东师范大学，2012.

[53] Guo P，Wang X，Han Y. The enhanced genetic algorithms for the optimization design [C].

International Conference on Biomedical Engineering and Informatics. IEEE, 2010: 2990-2994.

[54] 吴景龙, 杨淑霞, 刘承水. 基于遗传算法优化参数的支持向量机短期负荷预测方法 [J]. 中南大学学报 (自然科学版), 2009, 40 (1): 180-184.

[55] 王东, 吴湘滨. 利用粒子群算法优化 SVM 分类器的超参数 [J]. 计算机应用, 2008, 28 (01): 134-135.

[56] 陈治明. 改进的粒子群算法及其 SVM 参数优化应用 [J]. 计算机工程与应用, 2011, 47 (10): 38-40.

[57] 庄严, 白振林, 许云峰. 基于蚁群算法的支持向量机参数选择方法研究 [J]. 计算机仿真, 2011, 28 (05): 216-219.

[58] 王东霞, 张楠, 路晓丽. 基于育种算法的 SVM 参数优化 [J]. 安徽大学学报 (自然科学版), 2009, 33 (04): 26-28.

[59] 高雷阜, 赵世杰, 高晶. 人工鱼群算法在 SVM 参数优化选择中的应用 [J]. 计算机工程与应用, 2013, 49 (23): 86-90.

[60] 于明, 艾月乔. 基于人工蜂群算法的支持向量机参数优化及应用 [J]. 光电子·激光, 2012, 23 (02): 374-378.

[61] Sarlos T. Improved Approximation Algorithms for Large Matrices via Random Projections [C]. Foundations of Computer Science, 2006. FOCS'06. IEEE Symposium on. IEEE, 2006: 143-152.

[62] Mahoney M W. Randomized algorithms for matrices and data [J]. Foundations & Trends in Machine Learning, 2011, 3 (2): 647-672.

[63] Cohen M B, Musco C, Musco C. Input Sparsity Time Low-Rank Approximation via Ridge Leverage Score Sampling [J]. 2015: 1758-1777.

[64] Jiang X F, Zheng B, Ren F, et al. Localized motion in random matrix decomposition of complex financial systems [J]. Physica A Statistical Mechanics & Its Applications, 2017, 471: 154-161.

[65] Koren Y, Bell R, Volinsky C. Matrix Factorization Techniques for Recommender Systems [J]. Computer, 2009, 42 (8): 30-37.

[66] 李明. 矩阵分解理论在降维中的应用 [J]. 吉林师范大学学报 (自然科学版), 2010, 31 (03): 117-119.

[67] 张慈祥. 基于奇异值分解和稀疏表示的人脸识别 [D]. 昆明理工大学, 2013.

[68] 张磊, 彭伟才, 原春晖, 等. 奇异值分解降噪的改进方法 [J]. 中国舰船研究, 2012, 7 (05): 83-88.

[69] Hegedüs I, Jelasity M, Kocsis L, et al. Fully distributed robust singular value decomposition [C]. The 14th IEEE International Conference on Peer-To-Peer Computing. IEEE, 2014: 1-9.

[70] 王科强. 基于矩阵分解的个性化推荐系统 [D]. 华东师范大学, 2017.

［71］ 马小栓. 矩阵分解在推荐系统中的研究与应用［D］. 电子科技大学，2017.

［72］ 韦峰. 推荐系统中矩阵分解算法研究［D］. 中国科学技术大学，2017.

［73］ 杨自兴. 基于近似矩阵分解的推荐算法研究［D］. 东北大学，2013.

［74］ Yang J，Meng X，Mahoney M W. Implementing Randomized Matrix Algorithms in Parallel and Distributed Environments［C］. Proceedings of the IEEE，2015，104（1）：58-92.

［75］ Gemulla R，Nijkamp E，Haas P J，et al. Large-scale matrix factorization with distributed stochastic gradient descent［C］. NIPS Big Learn Workshop. 2011：69-77.

［76］ 唐云. 基于 Spark 的大规模分布式矩阵运算算法研究与实现［D］. 南京大学，2016.

［77］ 余志琴. 基于 ADMM 的分布式矩阵分解［D］. 上海交通大学，2015.

［78］ Huang H，Kasiviswanathan S P. Streaming anomaly detection using randomized matrix sketching［C］. Proceedings of the Vldb Endowment，2016：3-14.

［79］ Minton G T，Price E. Improved concentration bounds for count-sketch［C］. Acm-Siam Symposium on Discrete Algorithms. Society for Industrial and Applied Mathematics，2014：669-686.

［80］ Clarkson K L，Woodruff D P. Low rank approximation and regression in input sparsity time［C］. ACM Symposium on Theory of Computing. ACM，2013：81-90.

［81］ Pham N，Pagh R. Fast and scalable polynomial kernels via explicit feature maps［C］. ACM SIGKDD International Conference on Knowledge Discovery and Data Mining. ACM，2013：239-247.

［82］ Straková H，Gansterer W N，Zemen T. Distributed QR Factorization Based on Randomized Algorithms［M］. Parallel Processing and Applied Mathematics. Springer Berlin Heidelberg，2011：235-244.

［83］ 赵铄义. 基于 MapReduce 的奇异值分解方法研究［D］. 华中科技大学，2014.

［84］ 张宇，程久军. 基于 MapReduce 的矩阵分解推荐算法研究［J］. 计算机科学，2013，40（01）：19-21.

［85］ Caruso X. Random matrices over a DVR and LU factorization［J］. Journal of Symbolic Computation，2015，71（C）：98-123.

［86］ Aizenbud Y，Shabat G，Averbuch A. Randomized LU decomposition using sparse projections［J］. Computers & Mathematics with Applications，2016，72（9）：2525-2534.

［87］ Halko N，Martinsson P G，Tropp J A. Finding Structure with Randomness：Probabilistic Algorithms for Constructing Approximate Matrix Decompositions［J］. Siam Review，2009，53（2）：217-288.

［88］ Qin C，Rusu F. Speeding Up Distributed Low-Rank Matrix Factorization［C］. International Conference on Cloud Computing and Big Data. IEEE，2014：521-528.

［89］ Witten R，Candès E. Randomized Algorithms for Low-Rank Matrix Factorizations：Sharp Performance Bounds［J］. Algorithmica，2015，72（1）：264-281.

［90］ Mitra K，Sheorey S，Chellappa R. Large-Scale Matrix Factorization with Missing Data under Additional Constraints［J］. Ophthalmic Research，2010，40（1）：35-44.

［91］ 冯栩，李可欣，喻文健，等. 基于随机奇异值分解的快速矩阵补全算法及其应用［J］. 计算机辅助设计与图形学学报，2017，29（12）：2343-2348.

［92］ Woolfe F，Liberty E，Rokhlin V，et al. A fast randomized algorithm for the approximation of matrices［J］. Applied & Computational Harmonic Analysis，2008，25（3）：335-366.

［93］ Schelter S，Boden C，Schenck M，et al. Distributed matrix factorization with mapreduce using a series of broadcast-joins［C］. ACM Conference on Recommender Systems. ACM，2013：281-284.

［94］ Gu M，Eisenstat S C. Efficient algorithms for computing a strong rank-revealing QR factorization［M］. Society for Industrial and Applied Mathematics，1996.

［95］ 郜海阳，卜令兵，王震，等. 一维最大概率法反演夜光云散射系数廓线的研究［J］. 激光与光电子学进展，2017（12）：70-81.

［96］ 岑咏华，韩哲，季培培. 基于隐马尔科夫模型的中文术语识别研究［J］. 数据分析与知识发现，2008，24（12）：54-58.

［97］ 邢健. 基于种子词的无监督文本分类［D］. 武汉大学，2017.

［98］ 张颖. 基于改进扩展弹性网络的多类别特征选择方法研究［D］. 安徽大学，2017.

［99］ 姚海英. 中文文本分类中卡方统计特征选择方法和 TF-IDF 权重计算方法的研究［D］. 吉林大学，2016.

［100］ 仝奇，叶霞，李俊山，等. 基于文本分类和SVM的雷达侦察装备故障诊断研究［J］. 电光与控制，2016（02）：94-98.

［101］ 袁磊. 基于概率模型的文本聚类［D］. 吉林大学，2005.

［102］ 冯高磊，高嵩峰. 基于向量空间模型结合语义的文本相似度算法［J］. 现代电子技术，2018，41（11）：165-169.

［103］ 胡晓东，高嘉伟. 大数据下基于 MapReduce 的 Dirichlet 朴素贝叶斯文本分类算法［J］. 科技通报，2017，33（09）：124-129.

［104］ 黄文明，莫阳. 基于文本加权 KNN 算法的中文垃圾短信过滤［J］. 计算机工程，2017，43（03）：193-199.

［105］ 陈佳希. 基于支持向量机的文本分类［J］. 电子世界，2017（07）：64-64.

［106］ Zheng Y J. Water wave optimization：A new nature-inspired metaheuristic［J］. Computers & Operations Research，2015，55：1-11.

［107］ Li C，Huang X. Research on FP-Growth algorithm for massive telecommunication network alarm data based on Spark［C］. IEEE International Conference on Software Engineering & Service Science. IEEE，2017.

［108］ 李浩，毕利，靳彬锋. 改进的粒子群算法在多目标车间调度的应用［J］. 计算机应用与软件，2018，35（03）：49-53.

［109］ 王倩. 一种基于改进遗传算法的关联规则挖掘及应用研究［D］. 兰州财经大

学，2016.

［110］ 胡继雄．基于杂交水稻算法的关联规则挖掘应用研究［D］.湖北工业大学. 2018.

［111］ NIU Hai-ling, LU Hui-min, LIU Zhen-jie. The improvement and research of Apriori algorithm based on Spark［J］. Journal of Northeast Normal University, 2016, 48（01）：84-89.

［112］ 崔文岩，孟相如，李纪真．基于粗糙集粒子群支持向量机的特征选择方法［J］.微电子学与计算机，2015（01）：126-129.

［113］ 李炜，巢秀琴．改进的粒子群算法优化的特征选择方法［J］.计算机科学与探索，2019, 013（006）：990-1004.

［114］ Kaiyin Y , Lan F . Detection of Network Intrusion Based on Hybrid Particle Swarm Optimization Algorithm Selection Features［J］. Journal of Jilin University, 2016, 54（02）：309-314.

［115］ Suhua Lai, Xinying Xu, Jianwen Zhang. On the Cauchy problem of compressible full Hall-MHD equations［J］. Zeitschrift Für Angewandte Mathematik Und Physik, 2019, 70（5）：1-22.

［116］ Alsheikh M A, Niyato D, Lin S, et al. Mobile big data analytics using deep learning and apache spark［J］. IEEE Network, 2016, 30（3）：22-29.

［117］ 王程锦，王秀友，林玉娥．基于类内子空间学习的局部线性嵌入算法［J］.阜阳师范学院学报（自然科学版），2019, 36（02）：52-56.

［118］ Yu F, Hao L, Yong M, et al. Dimensionality Reduction of Hyperspectral Images Based on Robust Spatial Information Using Locally Linear Embedding［J］. IEEE Geoscience & Remote Sensing Letters, 2017, 11（10）：1712-1716.

［119］ Sprekeler H. On the Relation of Slow Feature Analysis and Laplacian Eigenmaps［J］. Neural Computation, 2014, 23（12）：3287-3302.

［120］ Francisco José Orts Gómez, Gloria Ortega López, Ernestas Filatovas, et al. Hyperspectral Image Classification Using Isomap with SMACOF. 2019, 30（2）：349-365.

［121］ Zhao Z, Chen W H, Wu X M, et al. LSTM network：a deep learning approach for short-term traffic forecast［J］. Iet Intelligent Transport Systems, 2017, 11（2）：68-75.

［122］ Liu Q C, Wang B C, Zhu Y Q. Short-Term Traffic Speed Forecasting Based on Attention Convolutional Neural Network for Arterials［J］. Computer-Aided Civil and Infrastructure Engineering, 2018, 33（11）：999-1016.

［123］ Shi Y Q, Liu X J, Li T, et al. Chaotic Time Series Prediction Using Immune Optimization Theory［J］. International Journal of Computational Intelligence Systems, 2010, 3：43-60.

［124］ Murguía J S, Campos-Cantón E. Wavelet analysis of chaotic time series［J］. Revista mexicana de física, 2006, 52（2）：155-162.

［125］ Chandra R. Competition and Collaboration in Cooperative Coevolution of Elman Recurrent

Neural Networks for Time-Series Prediction [J]. Ieee Transactions on Neural Networks and Learning Systems, 2015, 26 (12): 3123-3136.

[126] Yang X H, Mei Y, She D X, et al. Chaotic Bayesian optimal prediction method and its application in hydrological time series [J]. Computers & Mathematics with Applications, 2011, 61 (8): 1975-1978.

[127] Wang W G, Zou S, Luo Z H, et al. Prediction of the Reference Evapotranspiration Using a Chaotic Approach [J]. Scientific World Journal, 2014, 2014 (1): 1-14.

[128] Zhou S, Feng Y, Wu W Y, et al. A novel method based on the fuzzy C-means clustering to calculate the maximal Lyapunov exponent from small data [J]. Acta Physica Sinica, 2016, 65 (2): 1-7.

[129] Wu Y C, Feng J W. Development and Application of Artificial Neural Network [J]. Wireless Personal Communications, 2018, 102 (2): 1645-1656.

[130] Wu Y C. Application of Artificial Neural Network in Communication Signal Processing [J]. Agro Food Industry Hi-Tech, 2017, 28 (3): 1920-1924.

[131] Ding S F, Li H, Su C Y, et al. Evolutionary artificial neural networks: a review [J]. Artificial Intelligence Review, 2013, 39 (3): 251-260.

[132] Erdil A, Arcaklioglu E. The prediction of meteorological variables using artificial neural network [J]. Neural Computing & Applications, 2013, 22 (7-8): 1677-1683.

[133] Jo T. The effect of mid-term estimation on back propagation for time series prediction [J]. Neural Computing & Applications, 2010, 19 (8): 1237-1250.

[134] Zhang X L, Cheng L, Hao S, et al. Optimization design of RBF-ARX model and application research on flatness control system [J]. Optimal Control Applications & Methods, 2017, 38 (1): 19-35.

[135] Kobayashi M. Dual-numbered Hopfield neural networks [J]. Ieej Transactions on Electrical and Electronic Engineering, 2018, 13 (2): 280-284.

[136] Lei L. Wavelet Neural Network Prediction Method of Stock Price Trend Based on Rough Set Attribute Reduction [J]. Applied Soft Computing, 2018, 62: 923-932.

[137] Yang H J, Hu X. Wavelet neural network with improved genetic algorithm for traffic flow time series prediction [J]. Optik, 2016, 127 (19): 8103-8110.

[138] Yang J F, Liu Z G, Jiang G Y, et al. Two-Phase Model of Multistep Forecasting of Traffic State Reliability [J]. Discrete Dynamics in Nature and Society, 2018, 2018 (1): 1-12.

[139] Mirjalili S. The Ant Lion Optimizer [J]. Advances in Engineering Software, 2015, 83: 80-98.

[140] Saxena P, Kothari A. Ant Lion Optimization algorithm to control side lobe level and null depths in linear antenna arrays [J]. Aeu-International Journal of Electronics and Communications, 2016, 70 (9): 1339-1349.

［141］Wang Y C，Liu Y G，Sun Y Z．A hybrid intelligence technique based on the Taguchi method for multi-objective process parameter optimization of the 3D additive screen printing of athletic shoes［J］．Textile Research Journal，2020，90（9-10）：1067-1083.

［142］Kouba N E，Menaa M，Tehrani K，et al．Optimal Tuning for Load Frequency Control Using Ant Lion Algorithm in Multi-Area Interconnected Power System［J］．Intelligent Automation and Soft Computing，2019，25（2）：279-294.

［143］刘铁岩．分布式机器学习：算法、理论与实践［M］．北京：机械工业出版社，2018：114-133.

［144］Bertsekas D P，Tsitsiklis J N．Parallel and distributed computation：numerical methods［M］．1989：73-74.

［145］Wang J W，Crawl D，Altintas I，et al．Big Data Applications Using Workflows for Data Parallel Computing［J］．Computing in Science & Engineering，2014，16（4）：11-21.

［146］Dekel O，Gilad-Bachrach R，Shamir O，et al．Optimal Distributed Online Prediction Using Mini-Batches［J］．Journal of Machine Learning Research，2012，13（1）：165-202.

［147］Meng Q，Chen W，Wang Y，et al．Convergence analysis of distributed stochastic gradient descent with shuffling［J］．Neurocomputing，2019，337：46-57.

［148］Jaggi M，Smith V，Takáč M，et al．Communication-Efficient Distributed Dual Coordinate Ascent［J］．Advances in Neural Information Processing Systems，2014，4（1）：3068-3076.

［149］Dean J，Corrado G S，Monga R，et al．Large Scale Distributed Deep Networks［C］．International Conference on Neural Information Processing Systems，2013：1232-1240.

［150］Sun S，Chen W，Bian J，et al．Slim-DP：A Multi-Agent System for Communication-Efficient Distributed Deep Learning［C］．Proceedings of the 17th International Conference on Autonomous Agents and MultiAgent Systems，2018：721-729.